NONGYEWULIAOXUE

农业物料学

马云海　主编　　　张金波　吴亚丽　副主编

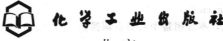
·北京·

农业物料特性研究是农业机械设计、农产品检测、农业物料包装和储存保鲜技术的研究基础，在现代农业发展中具有重要的理论和实践意义。本书从近代物理学理论、技术和方法运用的角度出发，重点介绍了农业物料力学、热学、光学及电学特性，为物料特性参数的选取和确定提供了科学的研究方法和测试依据。

本书可作为农业机械化及其自动化、生物工程、食品科学与工程、包装工程、物流工程等专业本科生的学习用书，也可供科研人员、工程技术人员、相关专业研究生和教师学习工作时参考。

图书在版编目（CIP）数据

农业物料学/马云海主编. —北京：化学工业出版社，2015.9（2024.8重印）
ISBN 978-7-122-25000-1

Ⅰ.①农… Ⅱ.①马… Ⅲ.①农业-物料 Ⅳ.①S12

中国版本图书馆 CIP 数据核字（2015）第 200493 号

责任编辑：周　红　　　　　　　　　　　装帧设计：王晓宇
责任校对：王　静

出版发行：化学工业出版社（北京市东城区青年湖南街 13 号　邮政编码 100011）
印　　装：北京盛通数码印刷有限公司
787mm×1092mm　1/16　印张 10½　字数 271 千字　2024 年 8 月北京第 1 版第 12 次印刷

购书咨询：010-64518888　　　　　　　　售后服务：010-64518899
网　　址：http://www.cip.com.cn
凡购买本书，如有缺损质量问题，本社销售中心负责调换。

定　　价：39.00 元

前言
FOREWORD

　　农业物料是指在种植、养殖及其产品加工中涉及的各种有机体，包括植物物料及产品——根、茎、叶、种子和果实，动物物料及产品——肉、骨、蛋和奶等。研究农业物料的物理参数、力学、热学、光学和电学特性，对于采用相关技术手段进行播种、收获、清选、输送、干燥、冷冻、储存和品质检测等农业装备设计、农产品加工和质量控制具有重要的意义。

　　农业物料的研究历史悠久，早在1893年，美国的科研工作者已开始对农作物、水果及食品的物理特性进行研究，但早期研究在当时的技术条件下没有得到很好的发展。到20世纪60年代初期，由于美国水果及蔬菜生产机械化的发展，亟需了解水果及蔬菜的物料特性作为农业机械装备的设计依据，农业物料的研究逐渐得到重视，美国农业工程协会将物料物理学性质列为一项研究分支，并且定期开展学术活动。近几十年来，随着科学技术的迅速发展，美、日、欧等对物料性质的研究更加重视，并开展了大量的工作，由于计算机及现代测试技术等的发展和应用，农业物料的测试精度和理论分析水平有了显著提高，逐步形成一门多学科交叉的新兴学科——农业物料学。

　　农业物料学是运用近代物理学理论、技术和方法，研究农业物料物理性质以及各个物理因子和生物物料相互作用的一门交叉学科。它是物理学、工程学科和生物学各学科之间的桥梁，也是生物系统工程、农业工程、食品科学工程等学科的基础。农业物料学因其涵盖了各研究领域所涉及的物料特性研究问题，重要性已经逐渐被我国各大院校所认识，在研究生招生目录中列有该考试科目。20世纪80年代，吉林大学张守勤教授曾与东北农业大学马小愚教授合编一本《农业物料学》内部教材，该教材是当时全国农业工程类专业的重要教材之一。中国农业大学的周祖锷教授以此教材为蓝本，于1994年编写并正式出版了《农业物料学》，该书现在仍是国内高校硕、博研究生的参考授课教材。但由于该教材编撰年代久远，很长时间没有再版，在内容上已经跟不上现代物性检测新方法和新技术的发展，不能满足对学生培养的要求。因此，我们在原有参考书的基础上，根据近年来本科生和研究生课堂教学的经验和积累，收集并整理了现有资料和研究成果，组织编写了本书。在内容选取上，本书以农业物料的物理性质研究为线索，介绍了农业物料的基本物理参数及测定方法、力学、流变、热学、光学和电学等物理作用下所表现出的特性，综合考虑了读者理论基础和大学教学方式，以期将农业物料测试的新理论、新技术和新方法引入相关教学和科研之中。

　　本书由吉林大学马云海任主编，佳木斯大学张金波、太原理工大学吴亚丽任副主编，权龙哲、郭丽、庄健、张东光参与了本书的编写。全书由马云海统稿。本书被列入吉林大学本科"十二五"规划教材项目，并在编写过程中得到了许多专家的指导和帮助，在此表示衷心的感谢。对于农业物料特性的研究正在深入开展，现代测试技术的发展也日新月异，本书涉及的研究内容具有较大的探索空间，仍需要在实践中不断完善。由于笔者知识有限，书中疏漏和不妥之处在所难免，诚望读者提出批评和指正。

编　者

目 录
CONTENTS

第一章 绪 论

一、研究对象与任务

农业物料学是农业工程的基础学科，是农业机械化设计、农产品检测及运输等方面研究的前提和基础，在农业发展中具有重要的理论意义和实践意义。农业物料学是一门研究农业物料物理性质的学科，运用近代物理学理论、技术和方法，研究农业物料物理性质以及各个物理因子和生物物料的相互作用，包括农业物料的基本物理参数以及农业物料的力学性质、热学性质、光学性质、电磁性质等，也是物理学、力学、生物学、农学、动物科学、食品科学等多学科之间的桥梁。它涵盖了各学科必要的、丰富的知识，可以为农业工程机械设备的设计、生产与产品加工工艺过程的选择、能量平衡计算、新产品开发等提供必要的基础。

二、农业物料与工程材料的区别

工程材料是用于制造各类机械零件、构件的材料和在机械制造过程中所应用的工艺材料，是人类在同自然界的斗争中，不断改进用以制造工具的材料，按属性可分为金属材料和非金属材料两大类。农业物料是指由农业生产（包括园艺、畜牧、水产）产生的与农（园、畜、水）产品加工和处理过程有关的各种植物、动物产品及其半成品和成品，以及土壤、化肥、农药等有生命物料和无生命物料。例如，谷物、种子、果蔬、禽、蛋、奶、油、烟、茶等。

三、农业物料学的进展与应用

现代农业工程日益普遍地应用机械学、电学、光学、声学等各种技术手段和方法，因此，对农业物料物理特性和相关技术的研究有重要的意义。在设计机器装备的作业程序、结构以及进行控制系统、机械效率分析测定时，都需要预先提供有关农业物料性质的资料和数据，作为研究和设计的原始依据，同时可以启发和引导工程技术人员去探索和发现新的农业物料加工原理和方法，不断提高和改善机械的性能和效益。积极开展该领域的研究与技术开发，对不断提高我国农业现代化装备水平有极大的推动作用。基于农业物料物理特性的研究及相关技术，在作物优良品种培育、作物生产过程的调节与控制、作物收获、果实采摘、农产品品质检测、分选分级、农业机械装备的设计制造等各领域有广阔的应用前景。

四、本课程的主要内容

一般认为，农业物料学的主要研究内容如下。

1. 农业物料的基本物理参数

包括物料的形状、大小、体积、密度、表面积等，它们在机械设计及产品分析中是不可缺少的最基本的原始数据和重要的工程参数。例如，选择对油菜籽的预处理方法和压榨工艺以提高油脂提取效率，设计包衣稻种排种器结构，给出不同物理性状农产品最佳切制加工工艺方法，研发农产品深加工切片工艺装备，根据农产品物料的大小、形状、色彩、文理、表面缺陷等基本物理特征，利用机器视觉技术实现农产品品质检测和分级等都需要根据物料的基本物理参数进行研究。

2. 农业物料的力学特性

包括固体物料的应力应变规律、冲击、振动、屈服强度、硬度、蠕变、松弛和流变等特性，散粒体物料的摩擦、黏附、变形、流动、离析等特性，液体物料的流体力学特性、流变、黏性、黏弹性等特性，可以为设计制造相关物料的采收、包装、运输、加工和质量检测等各种机械装备和系统提供依据，对预测同类水果和蔬菜的机械损伤和探索有效的储运与生产加工过程控制方法有很大的指导意义。例如，测量分析农作物茎秆的弹性模量、秆长、穗位、截面尺寸等物理量，利用力学理论和方法，建立农作物茎秆的力学模型，可用于对农作物抗倒伏能力的综合评价；利用茎秆的穿刺强度作为选择指标，选育出抗倒伏性强的玉米良种；通过玉米秸秆的径向剪切、轴向剪切试验测定分析玉米秸秆的破碎力学特性，为玉米茎秆切割装置的设计提供了依据；研究整体葡萄和番茄的力-位移、刚度与变形的关系，用葡萄皮与番茄皮的破裂强度作为其机械损伤的评价指标；采用流变学方法研究国产蜂蜜流水分、温度与黏度之间关系，可用蜂蜜的含水量和黏度指标，迅速准确地评价蜂蜜的品质。

3. 农业物料的热学特性

研究物料的比热、热扩散系数、热导率、呼吸热等，农业物料热容量和比热随物料组成成分、含水量和温度等的不同而变化，采用湿热蒸汽蒸烘处理新鲜的米糠，抑酶效果显著，提高米糠稳定性，利用物料热学特性，研究采用加热法提取叶蛋白的工艺。

4. 农业物料的电学特性

研究物料的电导特性、介电特性、电离辐射、生物电现象、电场作用等及其应用。农业物料的电学特性分为主动电特性和被动电特性两大类，主动电特性是农业物料中存在某些能量源而产生的电特性，在生物系统中表现为生物电势；被动电特性是农业物料所占空间内的电场或电流（电荷）的分布特性，它是由农业物料的化学成分和组织结构所决定的固有特性。农业物料在受到外界电场作用时，产生抵抗，表现出电学特性的变化，研究发现水果电特性与其成熟度密切相关，提出基于电特性参数无损检测的水果品质自动分选系统分类阈值的确定方法；对水稻、小麦和油菜籽的电特性进行了研究，提出了 C 值法测量物料电特性参数，并对物料的频率特性与其含水率的函数关系进行分析和研究，结果表明物料各电特性之间及其与物料含水率之间有特定的函数关系，且与物料的品种有关；根据物料的含水率对其介电常数等电参量的影响关系，对水稻、玉米和大豆等物料的含水率进行了测试，提供了测定含水率更为简易的方法及测试系统，这些研究成果为谷物收获、干燥、储藏及加工等提供了基础的技术和手段。采用数字电桥对茶叶进行了以电容为主的多项电特性参数的测定，检测评定茶叶的综合品质，为茶叶的标准化、规模化生产提供技术支持；研究植物生理电特性生理指标，用套针式电阻传感器测量玉米茎秆的生理电阻，用介电常数变化型平行平板电容传感器测量玉米叶片的生理电容，准确实时地反映植株的水分状况，该技术可用于作物的抗旱亏水诊断及自动节水灌溉。

5. 农业物料的光学特性

研究物料对光的反射、吸收、透过、光密度和发光等性质，可对农业物料进行粒度测量、品质检测与评定、化学成分测定与分析、分选与分级、成熟度和新鲜度的判别等。测定桃的分光反射特性，并通过图像处理，可有效检测桃内部的损伤情况；通过光的漫反射光谱特性研究樱桃的坚实度和糖分含量；对两个品种的麻鸡蛋和以色列鸡蛋在无损状态下，进行了光透射率追踪试验及其新鲜度指标同步试验，建立了不同品种的鸡蛋在光透射率敏感波长下的光透射率与其新鲜度指标的数学模型，得到了鸡蛋按光特性透射率分级的技术参数，为鸡蛋无损分级装置的设计研究提供了理论依据。

目前，我国在该领域的研究取得了许多基础性研究成果，但在工程实际中的应用与国外同类研究相比有很大差距。在研究与学习的过程中，应不断创立新思维、新理论、新方法和新技术，不断拓展新的研究领域，在扎实基础理论研究的前提下，根据我国农业现代化发展的实际要求，积极开展该领域的技术开发与应用研究。该领域的研究及技术应用，将增强我国农业生产和农产品加工能力，推动农业现代化的快速发展。

第二章　农业物料的基本物理参数

谷物、果蔬、禽、蛋、奶、油、烟、茶等农业物料具有基本物理特征和参数，如形状、尺寸、体积、密度、孔隙率、表面积、比表面积和含水率等。这些物理特征和参数在农业工程的各个领域中有着广泛的应用，如设计谷物排种器等农业机械时需要首先确定谷粒的三轴尺寸或粒径；输送农业物料时必须了解物料的形状和尺寸；清选花生或马铃薯中的土块时应该根据密度进行区分；设计红枣等果实去核装置时需要确定其外形特征；干燥谷物和果蔬时有必要测定含水量和分析冷却曲线以便优化干燥工艺等。

第一节　形状和尺寸表示法

一、图形比较法

农业物料的形状和尺寸对农业机械的设计和研究有着重要意义。如机械分选和分级、气流输送和分离以及产品的热处理等必须精确地确定物料的形状和尺寸。只有知道物料的形状和尺寸，才可以充分地描述物料的形状。

由于农业物料的形态差异较大，多数为不规则体，因而不能用单独的一个尺寸确切地表达，一般用查表的方法来确定其标准形状，即图形比较法。具体方法为将物料的纵剖面和横剖面的形状绘制成图，并和标准图形上列举的形状进行比较，进而确定物料的形状。这种方法适用于较大的物料，如水果和蔬菜等。图 2-1 是苹果和桃子形状的标准图形。

图 2-1 中描述形状的术语如表 2-1 所示。

表 2-1　描述水果和蔬菜标准图形的术语表

形状	定义	形状	定义
圆形	接近于球体	卵形	鸡蛋形且柄端处较宽
长椭圆	垂直直径大于水平直径	倒卵形	倒转的卵形
扁圆形	柄端和顶端是扁平的	椭圆形	接近于椭球体
圆锥形	朝顶端方向其尺寸逐渐变小	歪斜形	连接柄端和顶端的轴线是倾斜的
平头形	顶端和柄端两处是方形或扁平的	不对称	两半大小不相等
规则	在横剖面内形状类似于圆	不规则	在横剖面内形状是不规则的，与圆相比其差异较大

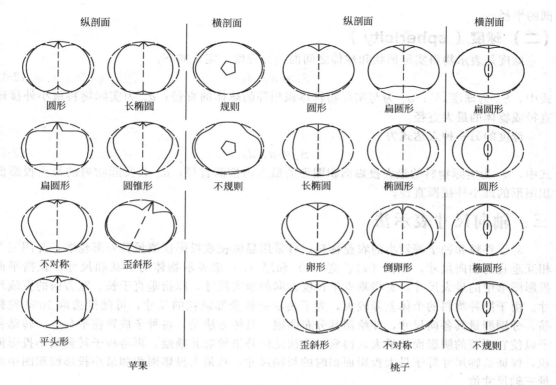

图 2-1 苹果和桃子形状的标准图形

二、类似几何体表示法

物料的很多性能都与物料的形状有关。当物料的形状和球体、立方体、圆柱体等一类规则几何体相类似时，则可用相类似几何体来表示物料的形状和尺寸，即类似几何体表示法。形状指数是把物体的实际形状与基准形状，如球体和圆等，进行比较的一个物理量。例如，对于大多数水果而言，其形状接近于球状，称之为类球体，常用形状指数圆度和球度来定量描述。

（一）圆度（roundness）

圆度是表示物料角棱的锐度，它表明物料在投影面内的实际形状和圆形之间的差异程度，用下式计算。

$$R_d = A_p / A_c \tag{2-1}$$

式中，R_d 为圆度，%；A_p 为物料在自然放置稳定状态下的最大投影面积；A_c 为 A_p 的最小外接圆面积。

圆度还可以用下式表示。

$$R_d = \frac{\sum r}{NR} = \frac{r_1 + r_2 + r_3 + \cdots + r_n}{NR} \tag{2-2}$$

式中，r 为物体各棱角处的曲率半径；R 为最大内切圆半径；N 为相加的棱角总数。

有时，圆度也可用圆度比表示。

$$R_r = r / R \tag{2-3}$$

式中，R_r 为圆度比；r 为物料投影中最小锐角处的曲率半径；R 为与物料投影面积相等的圆的半径。

（二） 球度（sphericity）

球度是表示物料实际形状和球体之间的差异程度，定义如下。

$$S_p = d_e / d_c \tag{2-4}$$

式中，S_p 为球度，%；d_e 为与实际物料体积相等的球体的直径；d_c 为实际物料最小外接球直径或物体的最大直径。

球度的另一种表达式为

$$S_p = d_i / d_e \tag{2-5}$$

式中，d_i 为实际物料的最大投影面积图形的最大内接圆直径；d_e 为实际物料的最大投影面积图形的最小外接圆直径。

三、轴向尺寸表示法

对于谷粒和种子等较小的农业物料，可采用显微镜或投影仪测量其外形轮廓，并用三个相互垂直的轴向尺寸，即长（a）、宽（b）和厚（c）来表示物体的形状和尺寸。长指平面投影图形中的最大尺寸，宽指垂直于长度方向的最大尺寸，厚指垂直于长、宽方向的直线尺寸。由于同种物料的个体差异较大，为了表示物料全部颗粒的尺寸，可随机选取 1000 粒样品，分别测量其各向尺寸，并绘制其分布曲线。具体方法是，将种子放置在平台上，转动种子以使它覆盖的阴影面积最大，得到一个清楚的外形轮廓并描绘，再将种子转到最小投影面积，保证长轴尺寸等于最大投影面积时的长轴尺寸，从最大投影面积和最小投影面积图中测量三轴尺寸值。

通过测量农业物料的三轴尺寸，可以描述其不同形状。当 $a > b > c$ 时，三个轴向尺寸均不相等，谷粒呈扁长形，如小麦等；当 $a > b = c$ 时，宽度和厚度相等但小于长度，谷粒呈圆柱形，如小豆等；当 $a = b > c$ 时，长度和宽度相等但大于厚度，谷粒呈扁圆形，如野豌豆等；当 $a = b = c$ 时，三个轴向尺寸相等，谷位呈球形，如大豆和豌豆等。图 2-2 为种子和谷粒的轮廓外形和三轴尺寸。

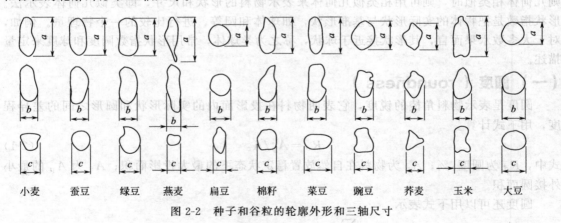

| 小麦 | 蚕豆 | 绿豆 | 燕麦 | 扁豆 | 棉籽 | 菜豆 | 豌豆 | 荞麦 | 玉米 | 大豆 |

图 2-2　种子和谷粒的轮廓外形和三轴尺寸

四、粒径表示法

粒径（granularity） 用来表示颗粒状或粉粒状物料的形状和尺寸，可表示为单个粒子的单一尺寸或表示为诸多不同尺寸粒子组成的粒子群平均粒径，也称为粒度。计算方法如表 2-2 和表 2-3 所示。

表 2-2　单一粒径计算方法

名称	计算公式	名称	计算公式
长轴粒径	a	圆等效粒径	$(4f/\pi)^{1/2}$
短轴粒径	b	几何平均粒径	$(abc)^{1/3}$
二轴算术平均粒径	$\dfrac{1}{2}(a+b)$	圆柱体等效粒径	$(fa)^{1/3}$
三轴算术平均粒径	$\dfrac{1}{3}(a+b+c)$	立方体等效粒径	$V^{1/3}$
调和平均粒径	$3\left(\dfrac{1}{a}+\dfrac{1}{b}+\dfrac{1}{c}\right)^{-1}$	球等效粒径	$(6V/\pi)^{1/3}$
表面积平均粒径	$\dfrac{1}{6}(2ab+2bc+2ac)^{1/2}$	定向粒径	d_g
体积平均粒径	$3abc\,(ac+bc+ac)^{-1}$	定向面积等分粒径	d_m
外棱矩形等效粒径	$(ab)^{1/2}$	斯托克斯粒径	$\left(\dfrac{18\eta v_t}{\rho_g-\rho_1}\right)^{1/2}$
正方形等效粒径	$f^{1/2}$		

注：f 为投影面积，V 为粒子体积，η 为流体黏性系数，v_t 为粒子沉降速度，ρ_g 为粒子密度，ρ_1 为流体密度；定向粒径 d_g 指粒子投影图上任意方向的最大距离；定向面积等分粒径 d_m 指按一定方向将投影面积分割成二等分时的直线长度。

表 2-3　平均粒径计算公式

名称	计算公式	物理意义
算术平均粒径	$d_1=\sum nd/\sum n$	单一粒径的算术平均径
几何平均粒径	$d_2=(d_1'\cdot d_2'\cdots d_n')^{1/n}$	n 个粒径的 n 次方根
调和平均粒径	$d_3=\sum n/\sum(n,d)$	各粒径的调和平均值
面积长度平均粒径	$d_4=\sum nd^2/\sum nd$	表面积总和除以粒径的总和
体面积平均粒径	$d_5=\sum nd^3/\sum nd^2$	全部粒子的体积除以总表面积
重量平均粒径	$d_6=\sum nd^4/\sum nd^3$	重量等于总重量，数目等于这个数的等粒子粒径
平均表面积粒径	$d_7=(\sum nd^2/\sum n)^{1/2}$	将总表面积除以总个数，取其平方根
平均体积粒径	$d_8=(\sum nd^3/\sum n)^{1/3}$	将总体积除以总个数，取其立方根
比表面积粒径	$d=6/(\gamma_s\cdot S)$	由比表面积 S 计算的粒径
中粒径	d_{50}	粒径分布的累积值为 50% 时的粒径
多数粒径	d_{mod}	粒径分布中频率最高的粒径

注：$d_3<d_2<d_1<d_7<d_8<d_4<d_5<d_6$。

　　测定粒径的方法多样，有很多是费时费力的，还有一些需要借助仪器和测试技术。以下介绍两种简易的农业物料平均粒径的测定计算方法。

（一）　粗颗粒的平均粒径计算

　　若粒子状农业物料的尺寸范围在可以一粒一粒捡起的范围内，如大豆、小麦等物料可采用这种方法。

　　首先从试样中随机采集 n 个粒子（一般取 200 粒及以上），用普通天平测定其总质量为 m。设粒子密度为 ρ_s，则平均粒径 d_s 可按下式计算。

$$m = \frac{\pi}{6} d_s^3 \rho_s n \tag{2-6}$$

$$d_s = \left(\frac{6m}{\pi \rho_s n} \right)^{\frac{1}{3}} \tag{2-7}$$

由式（2-7）计算出的粒径相当于把所有粒子均看作等体积的球形粒子时的平均粒径。

（二） 细粉平均粒径计算

若粒子状农业物料的尺寸较小，无法一粒一粒采集，如面粉等粉料，可以采用筛分法求出平均粒径。

首先用筛分法测定全部粒子的粒径分布。将一定量的粉料（50～100g），用筛孔尺寸分别为 d_1'，d_2'，…，d_{m+1}' 的 $m+1$ 个筛子进行分级。设 $d_1' \sim d_2'$ 粒级的粒子其平均粒径为 $d_1 = \sqrt{d_1' d_2'}$，其质量占总质量的百分数为 x_1；$d_2' \sim d_3'$ 粒级的粒子其平均粒径为 $d_2 = \sqrt{d_2' d_3'}$，其质量占总质量的百分数为 x_2。

$d_m' \sim d_{m+1}'$ 粒级的粒子其平均粒径为 $d_m = \sqrt{d_m' d_{m+1}'}$，其质量占总质量的百分数为 x_m，则全部粒子的平均粒径可用调和平均粒径或算术平均粒径计算。

调和平均粒径为：

$$d_s = \frac{1}{\sum\limits_{i=1}^{m} (x_i / d_i)} \tag{2-8}$$

算术平均粒径为：

$$d_s = \sum_{i=1}^{m} (x_i d_i) \tag{2-9}$$

筛分法通常使用普通的金属丝网筛子。对 25.4mm 以上开孔，直接以开孔尺寸表示孔的大小；对 25.4mm 以下的孔，用 25.4mm 长度上的孔数表示孔的大小，称为目，有时称为网目。我国常用泰勒标准筛，它有两个序列，筛比 $\sqrt{2}$，即每两个相邻筛号的筛子，其筛孔尺寸相差 $\sqrt{2}$ 倍，筛孔面积相差 2 倍；另一个是附加系列，筛比是 $\sqrt[4]{2}$。基筛是 200 目的筛子，筛孔尺寸为 0.074mm。其他筛孔尺寸均按筛比倍率决定。一般采用基本序列，在要求有更窄的粒级时可插入附加序列的筛序。常用标准筛直径为 200mm，高度为 50mm。

（三） 粒径分布

粒径分布是以粒子群的质量或粒子数的百分率计算的粒径累计分布曲线或粒径频率分布曲线表示的，是农业物料分级的重要参考标准。

图 2-3 是马铃薯淀粉粒径累积分布曲线，横坐标是粒径（μm），纵坐标是累积分布量（%）。累积分布量包括两条曲线，一是将包含某一级在内的小于该级的颗粒数占全部粉末数的百分含量进行累积并作图，称为"负"累积分布曲线；二是将包含某一级在内的大于该级的颗粒数占全部粉末数的百分含量进行累积并作图，称为"正"累积分布曲线。图 2-4 是马铃薯淀粉粒径频率分布曲线，横坐标是粒径（μm），纵坐标是各区间的颗粒数占所统计颗粒总数的百分数（%）。利用粒径频率分布曲线，可以根据粒径分布的最大范围和显微镜的测量精度，将粒径范围划分成若干个区间，统计各粒径区间的颗粒数量，并在后续加工中确定物料的分离精度或控制物料的粒径范围。粒径频率分布曲线通常符合正态分布规律。

在累积分布曲线上，累计数为 50% 时的粒径称为中径 d_{50}（图 2-5）。在频率分布曲线上，频率分布最高点的粒径称为多数径 d_{mod}（图 2-6）。

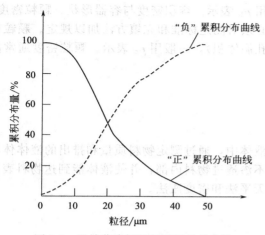

图 2-3 马铃薯淀粉粒径累积分布曲线

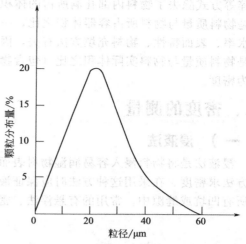

图 2-4 马铃薯淀粉粒径频率分布曲线

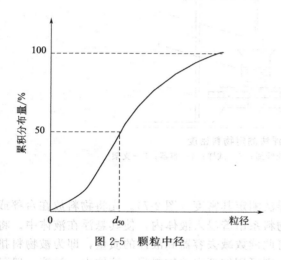

图 2-5 颗粒中径

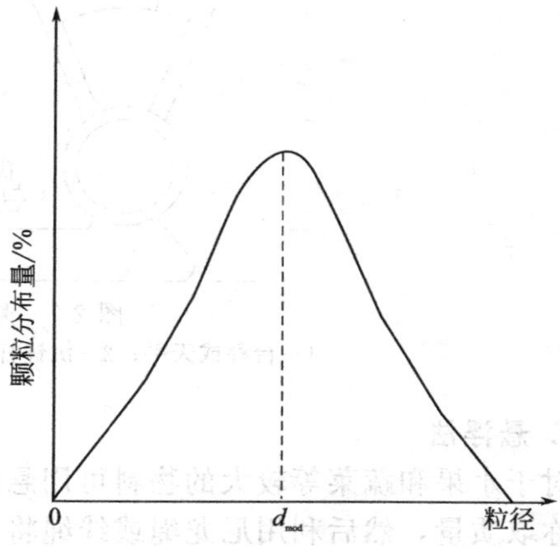

图 2-6 颗粒多数径

<h1 style="text-align:center">第二节 密度测量法</h1>

农业物料的密度、比重和体积是机械设计及产品分析不可缺少的最基本的原始数据。例如，干草的干燥和储存、储存仓和青储仓的设计、青储料的机械压缩、颗粒饲料和草饼的稳定性、分离和分级、气流和水力输送、种子纯度测定和成熟度评定等都需要密度和体积的数据。

一、密度的定义

物体每单位体积内所具有的质量称为密度（density）。物体的质量与同体积的 1 大气压、4℃的纯水的质量之比称为比重。根据体积测定方法的不同，农业物料的密度可分为真密度（true density）、容积密度（bulk density）和颗粒密度（particle density）。

真密度是物料质量与除去内部孔洞的物料体积之比，一般用 ρ_t 表示。由于通过研磨、粉碎等方式除去了物料内部孔洞所占的体积，因此测定得到的真密度又称固体密度。**容积密度**是物料质量与物料所占容器体积之比，一般用 ρ_b 表示。容积密度与容器形状、颗粒密度、含水率、表面特性、物料充填方法有关，因而必须对测定标准和充填方法加以规定。**颗粒密度**是物料质量与物料实际体积之比（包含物料孔洞体积），一般用 ρ_s 表示。颗粒密度通常简称为密度。

二、密度的测量

（一）浸液法

浸液法是将物料浸入容易润湿物料表面的液体中，通过测定物料质量和排出的液体体积的方法求密度。在采用这种方法时应保证液体不渗透进物料内部，并使液体能到达物料表面的所有凹坑或缝隙中。常用的有悬浮法、密度天平法和密度瓶法。

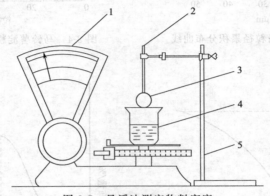

图 2-7　悬浮法测定物料密度
1—台秤或天平；2—沉锤杆或线绳；3—试样；4—容器；5—支架

1. 悬浮法

对于水果和蔬菜等较大的物料可用悬浮法测定其密度（图 2-7）。先将物料放在台秤或天平上称取质量，然后利用尼龙绳或线绳将物料系吊着浸入液体内，使其悬浮在液体中。将浸有物料的容器在台秤或天平上称取质量。将此读数减去容器和液体的质量，即为被物料排出的液体质量。如果物料密度比液体密度小，则可用细杆强迫物料浸入液体中。浸液一般可用水，也可以用其他液体，如甲苯等。物料密度可用下式求出。

$$\rho_s = \frac{m_s \rho_1}{m_{sl} - m_{ol}} \tag{2-10}$$

式中，ρ_s 为物料密度；m_s 为物料质量；m_{ol} 为容器和液体质量之和；m_{sl} 为容器、浸液和浸入物料质量之和；ρ_1 为液体密度。

同时，可由下式求出物料的比重。

$$(SG)_s = \frac{m_s (SG)_1}{m_{sl} - m_{ol}} \tag{2-11}$$

式中，$(SG)_s$ 为物料比重；$(SG)_1$ 为液体比重。

2. 密度天平法

对于小水果、玉米和大豆等较小的物料，可用分析天平或密度天平（图 2-8）测量。当物料的密度大于浸液的密度，物料的密度可用下式求出。

$$\rho_s = \frac{m_s \rho_1}{m_s - m_{sl}} \tag{2-12}$$

式中，ρ_s 为物料密度；ρ_1 为液体密度；m_s 为物料质量；m_{sl} 为物料在液体中质量。

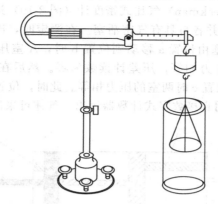

图 2-8　密度天平法测定物料密度

当物料的密度小于液体的密度，则把另一个比液体密度大的物料作为配重附加到待测物料上，物料密度由下式求出。

$$\rho_s = \frac{(m_s - m_o)\rho_1}{(m_s - m_{sl}) - (m_o - m_{ol})} \tag{2-13}$$

式中，ρ_s 为物料密度；m_s 为物料和配重总质量；m_o 为配重质量；m_{sl} 为物料和配重在液体中的总质量；m_{ol} 为配重在液体中的质量。

3. 密度瓶法

对于细小颗粒和粉末如谷粒等，常采用密度瓶法测量其密度（图 2-9）。密度瓶中使用的液体为甲苯、四氯化碳等。此类液体对物料无溶解作用，物料也几乎不吸收该液体；液体的表面张力小、密度小、沸点高，并且密度和黏度在空气中几乎不变。

温度为 t ℃时的液体密度 ρ_1 可由下式求出。

$$\rho_1 = \frac{(m_1 - m_o)\rho_\omega}{(m_\omega - m_o)} \tag{2-14}$$

式中，ρ_1 为液体密度；m_1 为密度瓶装满液体时总质量；m_o 为密度瓶质量；ρ_ω 为在测量温度 t ℃时蒸馏水的密度；m_ω 为密度瓶装满蒸馏水时的总质量。

图 2-9　密度瓶法测定物料密度

在已知质量的密度瓶中放入待测物料（约 10g），称量之后再向密度瓶中装满温度为 t ℃的液体。将物料和液体中的气泡全部除去，那么在密度瓶中装入的液体体积就等于密度瓶容积与物料所占容积之差。因此，物料在温度为 t ℃时的密度为：

$$\rho_s = \frac{(m_s - m_o)\rho_1}{(m_1 - m_o) - (m_{sl} - m_s)} \tag{2-15}$$

式中，ρ_s 为物料密度；m_s 为密度瓶和物料质量之和；m_{sl} 为密度瓶、物料、液体三者质量之和；m_1 为密度瓶装满液体时的总质量；m_o 为密度瓶质量；ρ_1 为液体密度。

（二）气体置换法

气体置换法是将液体改为气体，优点是测量时不损伤物料，适于疏松多孔物料的密度测量。常采用压力比较法、定容积压缩法、定容积膨胀法和不定容积法进行测定。

1. 压力比较法

该方法常采用贝克曼（Beckman）气比式密度计（图 2-10）进行测量。该装置具有两个体积相等的密闭容器 A、B，并各自具有气密活塞。在测定时，B 室中先不放入物料，关闭放气阀和连接阀。当 A 室活塞由位置 a 移动到位置 b 时，A 室压力上升。若将 B 室活塞也移动到位置 b 时，此时两室压力相等，压差计读数为零。然后在 B 室放入物料进行同样的操作时，B 室的活塞移动到位置 c 时两室的压力相等。此时，位置 b 和位置 c 之间的体积即等于物料的体积。体积值可用直接数字式计数器读出。气体可采用空气，也可采用氢气。

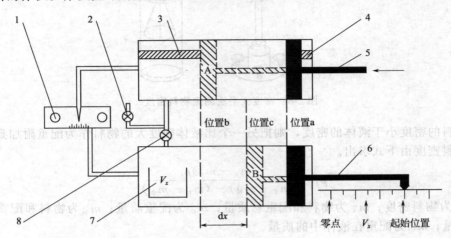

图 2-10　贝克曼气比式密度计原理图
1—压差计；2—放气阀；3，4—止位器；5—参照活塞；6—测量活塞；7—样品杯；8—连接阀

2. 定容积压缩法

定容积压缩法是测出容器中活塞压缩到一定容积后，不装物料和装入物料时的压力变化，由波义耳定律（Boyle's law）求出物料的体积。图 2-11 为定容积压缩法工作原理图。

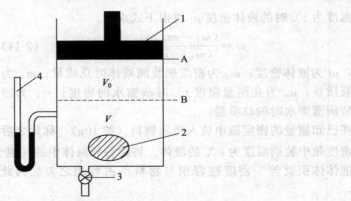

图 2-11　定容积压缩法工作原理图
1—活塞；2—物料；3—阀门；4—压力计

由波义耳定律可知，当一定质量的气体在温度不变时，它的压力和容积的乘积等于恒定值。如图 2-11 所示，假定 A 和 B 之间的体积为 V_0，B 下方的体积为 V，当容器中没有待测物料时，将活塞由 A 移至 B，则

$$(V + V_0)P_a = V(p_a + \Delta P_1) \tag{2-16}$$

将待测物料放入容器中，重复操作，由波义耳定律则有：

$$(V + V_0 - V_s)P_a = (V - V_s)(p_a + \Delta P_2) \tag{2-17}$$

解方程得：

$$V_s = V_0 \left(\frac{p_a}{\Delta P_1} - \frac{p_a}{\Delta P_2} \right) \tag{2-18}$$

式中，V 为测量室体积；V_0 为活塞定压缩体积；V_s 为物料体积；P_a 为大气绝对压力；ΔP_1 为没有装入物料时压力计读数；ΔP_2 为装入物料时压力计读数。

因此，若 V_0 已知，只要测定 P_a、ΔP_1 和 ΔP_2，即可求出待测物料的体积及相应的密度。

3. 定容积膨胀法

它与定容积压缩法相反，使容器膨胀一定容积后测取压力减小的变化，并由波义耳定律求出物料的体积。

$$V_s = V_0 \left(\frac{p_a - \Delta P_1}{\Delta P_1} - \frac{p_a - \Delta P_2}{\Delta P_2} \right) \tag{2-19}$$

4. 不定容积法

又称为定压法，测定方法与定容积压缩法相似，要求测定时 ΔP 值保持恒定，容积 V_0 不定。当容器中无待测物料时，由波义耳定律可知：

$$(V + V_0)P_a = (V + V_0 - V_1)(P_a + \Delta P) \tag{2-20}$$

当容器中加入待测物料时：

$$(V + V_0 - V_s)P_a = (V + V_0 - V_2 - V_s)(P_a + \Delta P) \tag{2-21}$$

由以上两个方程求得：

$$V_s = \frac{(V_1 - V_2)(P_a + \Delta P)}{\Delta P} \tag{2-22}$$

式中，ΔP 为压力计读数；V_1 为容器内无物料时压力计读数达到 ΔP 时活塞压缩的体积；V_2 为容器内有物料时压力计读数达到 ΔP 时活塞压缩的体积。

（三）密度梯度管法

密度梯度管法是通过物料悬浮在液柱中的位置与标准密度的浮子进行比较，从而确定物料密度的方法。将待测物料放入某溶液中，而且物料处于悬浮状态，那么此时物料的密度就等于该溶液的密度。表 2-4 为密度梯度管法通常采用的液体。

表 2-4　密度梯度管常用的液体

液体	密度/(g/cm^3)
甲醇-苯甲醇	0.80～0.92
异丙醇-水	0.79～1.00
异丙醇-二甘醇	0.79～1.11
乙醇-四氯化碳	0.79～1.59
甲苯-四氯化碳	0.87～1.59
水-溴化钠	1.00～1.41
水-硝酸钠	1.00～1.60
四氯化碳-二溴环丙烷	1.60～1.99
二溴环丙烷-溴乙烯	1.99～2.18
溴乙烯-三溴甲烷	2.18～2.89

按照这个原理，在圆柱形容器中配置一个沿着垂直方向具有一定密度梯度的液柱，在液柱中加入待测物料，根据物料静止位置便可求出物料密度（图 2-12）。试验时，将试样慢慢地放入梯度管中，待试样稳定悬浮于液体中，读出试样在管中的高度。根据液体密度标定曲线，确定物料的密度。如果物料在管中不能达到平衡，则说明物料已经被液体浸透，无法参考标定曲线。此时可先测出标准浮子的平衡高度，然后按照插入法计算物料的密度。

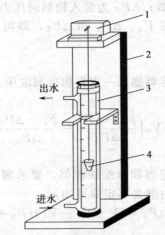

图 2-12   密度梯度管法工作原理
1—微电动机；2—支架；3—水套；4—吊篮

$$\rho_s = \rho_a + \frac{(x-y)(\rho_b - \rho_a)}{(z-y)} \tag{2-23}$$

式中，ρ_s 为物料的密度；ρ_a，ρ_b 为两个标准浮子的密度；x 为物料在液柱中的位置；y，z 为两个标准浮子的平衡高度。

三、农业物料的密度

一般情况下，在大部分工程问题中假定固体和液体是不可压缩的，即当温度和压力适度变化时物料的密度不变。但实际上，水和其他物质的密度是随着温度而变化的。几乎在所有的情况下，密度都是随着温度的升高而呈递减趋势。例如，当温度变化为 0～80℃时，棉籽油密度变化为 935～881kg/m³，玉米油的变化为 933～879kg/m³。

从理论上讲，如果已知农业物料的组成部分，则密度可由下式计算。

$$\rho_s = \frac{1}{m_1/\rho_1 + m_2/\rho_2 + m_3/\rho_3 + \cdots + m_n/\rho_n} = \frac{1}{\sum\limits_{i=1}^{n}\left(\dfrac{m_i}{\rho_i}\right)} \tag{2-24}$$

式中，ρ_s 为农业物料的密度；m_i 为各组成成分的质量占总质量的百分比（用小数表示）；ρ_i 为各组成成分的密度。

如果已知各组成成分体积占总体积的百分数，则物料的密度为：

$$\rho_s = V_1\rho_1 + V_2\rho_2 + V_3\rho_3 + \cdots + V_n\rho_n = \sum_{i=1}^{n}(V_i\rho_i) \tag{2-25}$$

式中，V_i 为各组成成分体积占总体积的百分数（用小数表示）。

一般来说，冰冻食品和水结冰一样，其密度要下降。水在 0℃时的密度为 999 kg/m³，冰在 0℃时的密度为 916 kg/m³。冰的密度随温度下降而增大。冷冻水果和蔬菜的密度要比新鲜水果和蔬菜的密度要小。表 2-5 为冰冻和新鲜农业物料的密度变化，表 2-6 为一些常见农业物料的密度。

表 2-5　冰冻和新鲜农业物料的密度变化

物料	密度/(kg/m³)	物料	密度/(kg/m³)
鲜水果	865～1067	冻水果	625～801
鲜蔬菜	801～1095	冻蔬菜	561～97
鲜鱼	967	冻鱼	1056

表 2-6　一些常见农业物料的密度

物料	容积密度/(kg/m³)	粒子密度/(kg/m³)	物料	容积密度/(kg/m³)	粒子密度/(kg/m³)
苹果	544～608	710～920	番茄	672	
胡萝卜	640		马铃薯	768	1150
葡萄	368		甘蓝	449	
柠檬	768	930	大麦	565～650	1374～1415
柑橘	768	930～950	燕麦	358～511	1350～1378
桃子	608	990～1010	水稻	561～591	1358～1386
洋葱	640～736		小麦	790～819	1409～1430

第三节　孔隙率和表面积测量法

一、松散物料的孔隙率及测量

松散物料（如谷粒、干草等）在堆放或放入容器时，物料之间存在的间隙称为孔隙（pore）。物料孔隙体积与物料总体积之比称为孔隙率（porosity），用 ε 表示。物料孔隙体积与物料实际体积之比称为孔隙比，用 n 表示。物料实际体积与物料总体积之比，称为体积实体系数，用 k 表示。三者之间存在以下的关系。

$$\varepsilon = \frac{n}{1+n} \tag{2-26}$$

$$n = \frac{\varepsilon}{1-\varepsilon} \tag{2-27}$$

$$k = \frac{1}{1+n} = 1-\varepsilon \tag{2-28}$$

相同大小的球形粒子的孔隙率，可由几何方法计算。根据堆积方式的不同，孔隙率不同，一般在 0.258～0.476 之间。随机充填时孔隙率为 0.4 左右。孔隙率一般与物料形状、堆积或充填方式、物料尺寸分布、含水率、放置时间等因素有关。

对于粒度不均匀的物料，由于细粒子可以嵌入粗粒子之间，孔隙率减小。当粗粒占 65% 左右时，孔隙率最小。对于由大小不同的粒子混合而成的粉料，平均粒径越大，孔隙容积越小。当超过某一粒径时，大致趋于定值，该平均粒径称为临界粒径。

图 2-13 是测量松散物料孔隙率的测定仪，其中容器 A 和容器 B 的体积相等。在容器 B 中装满待测物料；关闭阀门 2，打开阀门 3，将容器 B 抽成真空后关闭阀门 3；打开阀门 1，

向容器 A 供气，当压力表指针达到适当数值时，关闭阀门 1；由压力表测出容器 A 的平衡压力为 P_1；再打开阀门 2，测出容器 A 和容器 B 的平衡压力为 P_2。由理想气体定律得出：

$$P_1V_1 = MR_1T_1 \qquad (2\text{-}29)$$

式中，P_1 为绝对压力；V_1 为容器 A 的体积；M 为空气质量（当阀门 1 和阀门 3 同时关闭时，空气总质量 M 为充填容器 A 的质量 M_1 与充填容器 B 的质量 M_2 之和）；R_1 为气体常数；T_1 为气体绝对温度。

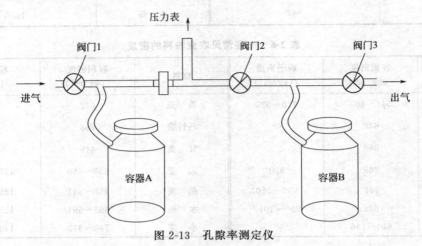

图 2-13 孔隙率测定仪

设 $R_1T_1 = R_2T_2 = RT$，且 $M = M_1 + M_2$，则

$$\frac{P_1V_1}{RT} = \frac{P_2V_1}{RT} + \frac{P_2V_2}{RT} \qquad (2\text{-}30)$$

孔隙率 ε 为：

$$\varepsilon = \frac{V_2}{V_1} = \frac{P_1 - P_2}{P_2} \qquad (2\text{-}31)$$

二、农业物料的表面积及测量

植物某些部分的表面积如叶子表面积和水果表面积是有用的原始数据。叶面积反映了植物光合作用的强弱和生长速率。测量叶面积在研究植物对光和营养的吸收，植物、土壤和水的相互关系，确定农药和杀菌剂的应用次数等方面是有用的数据。烟叶的叶面积直接反映了产量的高低。同样，水果表面积在研究喷雾作用距离、喷雾残留物消除、冷却和加热过程中热传导研究方面都有重要意义。测量叶子表面积的方法主要有叶形纸称重法、鲜（干）样称重法、长宽系数法、回归方程法和叶面积测定仪测定法。

（一） 叶形纸称重法

对于叶片平展但叶形不规则的叶片可用叶形纸称重法测定（图 2-14）。该法首先求出质地均匀的优质纸的面积重量比系数 a（cm^2/g），然后再根据叶形纸的重量 W（g），求出叶面积 S（$S = a \times W$）。

叶形纸称重法不受叶片短时失水的影响，能克服称叶样时因失水造成的误差，只要坐标纸质地均匀，描绘叶形仔细，称量准确，就可获得很高的精度。另外，在采集标本来不及测定时，也可保存叶形纸样。

（二） 鲜（干） 样称重法

鲜重是作物在生长的含水量状态下的活体重量。将作物需要测量鲜重的某一部位从活体植

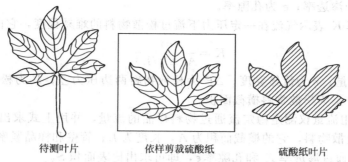

| 待测叶片 | 依样剪裁硫酸纸 | 硫酸纸叶片 |

图 2-14　叶形纸称重法

株上取下，迅速装入贴有标签的塑料口袋封好后带回室内测定。干重是作物放进鼓风箱烘干至恒重的重量。将作物的待测部位在 105℃ 下杀青 0.5～2h，以停止酶的作用，然后在 70～80℃ 下烘干至恒重，再放入干燥器中冷却至室温称量。该法首先求出代表性叶片的面积鲜（干）重量比系数 a（cm^2/g），然后根据叶片鲜（干）重量 W（g），求出叶面积 S（$S=a×W$）。

（三）长宽系数法

对于平展而规则的叶片可用长宽系数法，如禾谷类作物和豆类叶片等均可应用此法测定（图 2-15）。长宽系数是叶长（L）和叶宽（b）的乘积再乘以校正系数（K），即可算出叶面积 S（$S=L×b×K$）。校正系数 K 可采用叶形纸称重法或几何图形法得到。例如，图 2-15 中，K 为叶片的实际面积/长方形面积。长宽系数法不需要剪去叶片，测定方法简便易行，能对田间活体植株进行连续测定。

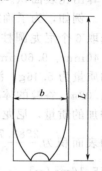

图 2-15　长宽系数法

（四）回归方程法

单叶的面积和叶片的长度、宽度、叶片干重或叶片的长宽比，都有很高的相关性。可由这些自变量通过一定的回归方程计算出因变量叶面积，同样也可由单叶计算出单株的叶面积。对于不同品种、不同生育期或不同栽培条件，回归方程参数会有所差异，为准确起见，应用时要根据具体情况分别求出其参数值。

（五）叶面积测定仪测定法

目前测定叶面积的仪器大多是按光电原理设计的，从原理看大致分为两种类型，一种是利用光电成像转换的原理来测定叶面积；另一种是利用机械光电扫描原理来测定叶面积。

三、松散物料的比表面积及测量

在研究储存产品中的流体流动、热的产生及传导问题时都必须了解比表面积的大小。松散物料比表面积（specific surface area）一般用单位质量物料的表面积 S_w 和单位体积物料表面积 S_v 表示。两者之间有以下关系。

$$S_w = \frac{S_v}{\rho_s} \tag{2-32}$$

式中，ρ_s 为粒子密度。

松散物料的比表面积常采用透气法和涂层法两种方法进行测定。

（一）透气法

为测量非均匀孔隙的比表面积可用以下 Carman-Kozeny 方程。

$$S_v^2 = \frac{\varepsilon^3}{5K(1-\varepsilon)^2} \tag{2-33}$$

式中，K 为物料的渗透率；ε 为孔隙率。

物料的渗透率 K 表示气流在一定压力下流过松散物料的难易程度，它由下式求出。

$$K = \frac{q^{\eta}}{A(\Delta P/L)} \tag{2-34}$$

式中，q 为气流流量；η 为流体黏度；ΔP 为松散物料两边压力差；L 为松散物料在流体流动方向上的长度；A 为松散物料横截面积。

渗透率 K 可用流量仪测定稳定流通过物料样品的流量，并用上式求出。在流量仪的管道内装有圆柱形松散物料，它的横截面积为 A，长度为 L；管壁和样品紧密结合，用微压计测量压力差 ΔP。通过渗透率 K 和孔隙率 ε，即可求出比表面积 S_v。

（二）涂层法

一些谷粒的比表面积可采用涂上一层金属粉末和测定其质量变化的方法加以确定。由一定几何形状并已知表面积的参照物和谷粒一起涂上金属粉末，参照物的密度应接近谷粒密度。根据参照物单位表面积涂层质量的大小来计算谷粒表面积。测定谷粒样品的体积，并可计算出比表面积。

例如，为了确定玉米粒样品的表面积，将 10g 玉米粒（密度为 1.3g/cm³）涂上镍粉。选取 6 个尼龙圆柱体（密度为 1.13g/cm³）作为参照物，其直径为 9.61mm，长度分别为 7.40mm、9.60mm、10.10mm、11.30mm、12.30mm 和 16.00mm。已知参照物在涂层前的质量为 5.46g，涂层后的质量为 5.68g；谷粒在涂层前的质量为 10.45g，涂层后的质量为 11.03g，谷粒的体积为 16cm³，则 6 个尼龙圆柱体的表面积之和为 2883.72mm²，由于涂层增加的质量，尼龙圆柱体为 $5.68 - 5.46 = 0.22$g，玉米粒为 $11.03 - 10.45 = 0.58$g；玉米粒的表面积为 $\frac{2883.72 \times 0.58}{0.22} = 7602.53$mm²；玉米粒的比表面积为 $S_v = \frac{7602.53 \times 10^{-6}}{16 \times 10^{-6}} = 475.16$m²/m³。

第四节　含水率定义和表示法

一、农业物料的含水率

农业物料中含有的水可分为两种，一种是与纯水一样的热力学运动的水，称为自由水或游离水；另一种为农业物料成分中与蛋白质活性基和碳水化合物活性基以氢键结合而不能自由运动的水，称为结合水。结合水与一般液体水的性质不同，它冷却到 0℃ 以下也不会结冰，实际上冷却到 -20℃，甚至到 -30℃ 也不结冰。把这些物理化学性质不同的水加在一起总称为农业物料的水分。

农业物料的含水率（moisture content）是指物料中水分占有的质量比，一般用百分比表示。农业物料含水率有两种表示方法，即湿基表示法（wet basement，w. b）和干基表示法（dry basement，d. b）。湿基表示法是以农业物料质量为基准计算的，干基表示法是以农业物料中固体干物质为基准计算的。

湿基含水率可由下式表示。

$$M_w = \frac{m_w}{m_w + m_s} \times 100\% (\text{w. b}) \tag{2-35}$$

干基含水率可由下式表示。

$$M_d = \frac{m_w}{m_s} \times 100\,\%\quad\text{(d. b)} \qquad\qquad (2\text{-}36)$$

式中，M_w 为湿基含水率；M_d 为干基含水率；m_w 为物料中所含水的质量；m_s 为物料中所含干物质的质量。

通常所指的农业物料含水率，如果没有特别加以说明，一般采用湿基含水率。干基含水率一般用于对物料特性的科学研究中。同样的物料，干基含水率总是大于湿基含水率。湿基含水率和干基含水率可以互相变换。

$$M_d = \frac{M_w}{1-M_w} \times 100\,\%\quad\text{(d. b)} \qquad\qquad (2\text{-}37)$$

$$M_w = \frac{M_d}{1+M_d} \times 100\,\%\quad\text{(w. b)} \qquad\qquad (2\text{-}38)$$

农业物料水分的测定方法很多，如常压恒温烘干法、减压烘干法和甲苯蒸馏法等，应根据样品特性、设备条件及分析精度和准确度的要求加以选择。目前，最基本、最常用的是常压恒温烘干法，它较为准确并适合不含有易热解和易挥发性成分的样品。减压烘干法适用于含有易热解成分但不含易挥发性油的样品，甲苯蒸馏法适用于含有易挥发性油和干性油的样品。

二、水的活性

农业物料和食品中的水分是随着环境条件变动而变化的。如果农业物料或食品周围的空气干燥、相对湿度较低，则水分从物料向空气中蒸发，水分逐渐减少而干燥。如果环境相对湿度高，则干燥的物料就会吸湿以至水分增多。总之，不管是吸湿或解吸最终达到平衡为止。通常我们把此时的水分称为平衡水分（equilibrium moisture）。水的活性（water activity）是指物料在平衡水分时的环境相对湿度（Environmental Relative Humidity，ERH），即平衡相对湿度；也可定义为物料中水蒸气压 P 和相同温度时纯水蒸气压 P_0 之比，记作 a_w，可用下式表示。

$$a_w = \text{ERH} = \frac{P}{P_0} \times 100\,\% \qquad\qquad (2\text{-}39)$$

一般的农业物料不但含水，而且还含有其他固体物质，因此 P 比 P_0 小，a_w 值小于 1。例如，对于含水率较高的水果和蔬菜等，a_w 为 0.98~0.99；对于含水率中等的谷物和籽粒等，a_w 为 0.6~0.9；对于含水率较低的物料，如饼干和脱脂奶粉等，a_w 小于 0.6。

在给定温度时，以农业物料平衡含水率为纵坐标，以环境相对湿度为横坐标所得的关系曲线称为等温吸湿或等温解吸线（sorption-desorption isotherms）。等温吸温-解吸线一般为 S 形并具有明显的滞后现象。图 2-16 为玉米幼芽与内胚乳在 23℃时的等温吸温-解吸线。图 2-17 为一些农业物料的平衡含水率曲线。由这些曲线可知，在任何给定的相对湿度时，由较干状态吸收水分达到平衡含水率（吸湿平衡含水率）将低于由较湿状态失去水分达到的平衡含水率（解吸平衡含水率）。换言之，这些物料的含水率不仅取决于平衡的相对蒸气压，并且还取决于趋近平衡状态时的方向。

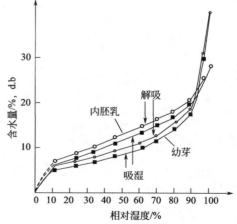

图 2-16　玉米幼芽与内胚乳在 23℃时的等温吸湿-解吸曲线

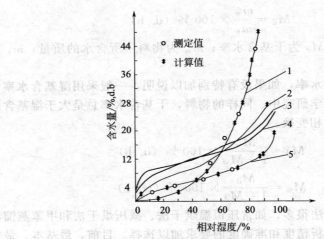

图 2-17　一些农业物料的平衡含水率曲线
1—桃干；2—大豆；3—高粱；4—小麦；5—棉花

水的活性或平衡含水率测定方法很多，大多是把物料样品暴露在湿空气中进行的。静态法是让物料在静止湿空气中达到平衡，动态法则是用机械方法使空气流动，经过一段时间直到物料水分不再变化为止，此时物料水分即为在该温度和相对湿度时的平衡水分，而此时的相对湿度即为在该湿度和平衡水分时的物料中的水分活性。

第三章 固体农业物料的流变特性

　　流变学是研究物料在外力作用下形变、流动及时间效应的科学，多用来描述高分子材料在外力作用下的变形、流动现象。农业物料是指农业生产和加工的对象，以及以它们为原料加工的半成品和成品，包括谷物、水果、蔬菜、鸡蛋、肉制品等，农业物料本质上属于一个生物系统，它们不同于大批生产的工业产品，这些生物物料都是有生命的固液耦合体，并且其力学特性会随着其呼吸作用等生命过程而变化；采用弹性力学难以描述如此复杂的非线性力学特性，因此采用流变学相关理论与方法研究农业物料在外力作用下的变形和流动，以及载荷作用的时效。

　　农业物料在生长和储存期间，生物物料的细胞对于诸如空气湿度、温度、氧气和养料供给、能量消耗等外部因素的影响是很敏感的，而且还有一些难于控制的内部因素的相互作用。固体生物物料的弹性是随育龄和生理状态而变化的，液体生物物料大部分都是非牛顿液体，这为研究农业物料流变特性增加了难度。所以，在研究生物物料流变特性时完全用理论分析和计算方法是比较困难的。一般均采用试验和总结经验的方法来进行研究。论述生物物料流变特性时，一般均包含实验或观察结果以及理论研究两个方面，而理论研究往往又得出非常复杂的、包含许多变量的数学表达式。在研究农业物料的某个流变特性时，是利用机械学和流变学的基本原理，把其他变量的影响作相当粗略近似后，研究某个特性的相对变化，以使问题得到简化。

　　固体农业物料的流变特性在生产、质量控制和发展新产品中起着重要作用。研究农业物料的流变特性有利于深入了解物料的结构，改进农业物料加工中质量控制，为固体农业物料的加工机械的设计提供依据，并可使消费者认可的产品质地（texture）和一些明确定义的流变学特性联系起来，以便用流变学方法测定产品的质量。

第一节　理想物体的流变特性

　　物体在外力作用下有两种类型的变形，即弹性变形和流动。流动又可分为黏性流动和塑性流动。所以，弹性、黏性和塑性是用来描述农业物料流变特性的三种基本性质。表示这些特性的三种传统的理想物体是虎克体（Hookcan body）、圣维南体（St. venat body）和牛顿流体（Newtonian liquid）。实际物体都不具备完全的弹性、完全的黏性或完全的塑性。绝大多数实际物料往往或多或少地同时具有弹性、完全的黏性或完全的塑性。绝大多数实际物料往往或多或少地同时具有弹性、黏性和塑性。因此，在研究实际物体流变性质时常用上述三个理想物体作为分析比较的标准。

一、理想弹性体的基本力学特性

由虎克定律可知理想弹性材料在受到外力作用时，材料的应力和应变呈正比例关系，此特性对于金属材料表现较为显著；在农业物料中，对于比较坚硬的种子等生物材料，在弹性范围内应力、应变的正比例关系表现较为显著，而对于瓜果蔬菜等流变特性较为显著的农产品，其虎克特性通常包含于塑性变形之中。农业物料的理想弹性体通常表现为瞬时弹性应变，即当物料受到外力作用时其应变立即达到相应的最大值，并且不随时间而变化，并且当外力消除时应变立即全部消失，且卸载历程和加载历程完全重合，所以我们把理想弹性体又称作线性弹性体。

1. 理想弹性体的弹性模量

弹性模量可用以描述物料内正应力与线应变的弹性变化关系，属物料的固有力学特性，理想弹性体应力和应变关系可用虎克定律表示。

$$E = \frac{\sigma}{\varepsilon} \tag{3-1}$$

式中，E 为弹性（杨氏）模量；σ 为拉伸或压缩应力；ε 为拉伸或压缩应变。

通过压缩、弯曲等试验方法可得到应力、应变之间的关系，并借助该关系即可求得物料的弹性模量或杨氏模量。

2. 理想弹性体的剪切模量

剪切模量可用以描述物料内切应力与角应变的弹性变化关系，当虎克体受剪切应力时，结合内部产生的角应变，可求解剪切模量或刚性模量。

$$G = \frac{\tau}{\gamma} \tag{3-2}$$

式中，G 为剪切模量或刚性模量；τ 为剪切应力；γ 为剪切应变。

3. 理想弹性体的体积模量

理想弹性体的体积模量可以表示为：

$$K = \frac{P}{\varepsilon_0} \tag{3-3}$$

式中，P 为静液压力；ε_0 为体积应变。

物料在受到方向力时，在各个方向上同样存在弹性变形和塑性变形。对于具有细胞结构的生物材料，体积弹性变形基本归于细胞间隙的调整。如果材料各向同性，在应力作用下其各方向的应变量也相等，即体积模量处处相等，如果材料各向不同，如具有纤维结构的肉类食品，各方向上的体积模量不同，因此，在受到压缩或者膨胀力作用下，物体将发生变形。

4. 理想弹性体的泊松比

理想弹性体物料沿着轴向变形的同时，还将引起横向尺寸的变化，且两者之比为常数。

$$\mu = -\frac{\varepsilon'}{\varepsilon} \tag{3-4}$$

式中，ε 为轴向应变；ε' 为横向应变。

大部分物料的泊松比在 0.2~0.5 范围内。由表 3-1 可见，当物料的性质趋近于橡胶或液体时，泊松比 μ 趋近于 0.5。当水果和蔬菜等物料中空气含量增加，也即密度减小时，泊松比值减小。

表 3-1　典型农业物料泊松比（Lewis，1987）

物料	泊松比(μ)	物料	泊松比(μ)
干酪	0.5	铜	0.33
马铃薯果肉	0.49	钢	0.30
苹果果肉	0.37	玻璃	0.24
苹果	0.21～0.34	橡胶	0.49
面包屑	0.00		

5. 理想弹性体力学特性参数之间的关系

以上各式中的 E、G、K、μ 均为理想弹性体的力学特性参数，存在如下关系。

$$\frac{1}{E} = \frac{1}{3G} + \frac{1}{9K} \tag{3-5}$$

$$E = 3K(1 - 2\mu) \tag{3-6}$$

$$E = 2G(1 + \mu) \tag{3-7}$$

由于受到实验条件、物料形状等客观因素的限制，使得一些参数不易测量，因此经常借助各弹性参数之间的关系推导获得。

二、理想黏性体的流变特性

施加于理想流体的应力和由此产生的变形速率以一定的关系联系起来的流体的一种宏观属性，表现为流体的内摩擦，液体这种阻碍或抵抗自己流动的内摩擦力则表现为黏性。

流体通常分为牛顿流体、非牛顿流体及塑性流体，通常采用牛顿流体特性描述理想黏性体的流变特性，可将农业物料的固液耦合结构的流变过程简化成两个平行平面之间充满液体，下平面以 v、上平面 $v+dv$ 速度向同一方向移动，上、下平面之间距离为 dy 并保持不变，与上、下平面相接触的液体分别黏着在平面上没有滑动、与平面速度相同并向同一方向移动，则与下平面接触的液体流速为 v，与上平面接触的液体流速为 $v+dv$，其间产生的速度差为 dv，如图 3-1 所示。

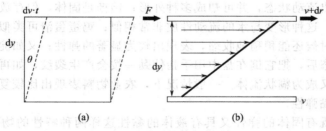

图 3-1　理想黏性体的层流图

当液体流速不太大时，液体形成的流线是与两平面平行的层流运动。在 t 时刻的剪切应变用 $\tan\theta$ 表示，则

$$\tan\theta = \frac{dv}{dy} \cdot t$$

当 θ 很小时，剪切应变可直接用 θ 表示：

$$\theta \approx \tan\theta = \frac{dv}{dy} \cdot t$$

剪切应变速率可表示为：

$$\frac{\mathrm{d}\tan\theta}{\mathrm{d}t}=\frac{\mathrm{d}v}{\mathrm{d}y}$$

当 θ 很小时上式可写成：

$$\dot{\gamma}=\frac{\mathrm{d}\theta}{\mathrm{d}t}=\frac{\mathrm{d}v}{\mathrm{d}y} \tag{3-8}$$

如果液体的剪切应力 τ 和剪切应变速率 $\dot{\gamma}$ 成正比，则这种液体称为理想黏性体或牛顿液体，并可用下式表示。

$$\tau=\eta\dot{\gamma} \tag{3-9}$$

式中，τ 为剪切应力；η 为黏度或黏性系数；$\dot{\gamma}$ 为剪切应变速率。

理想黏性体的剪切应力 τ 和剪切应变速率 $\dot{\gamma}$ 呈正比例关系，是通过原点的一条直线，直线的斜率即为黏度。这表明在理想黏性液体中屈服值等于零，在液体中剪切应变不仅与剪切应变力大小有关，而且与切应力作用时间有关。液体在剪切应力作用下，剪切应变将随时间而不断增加，将这种形变称作黏性流动。

三、理想塑性体的流变特性

理想塑性体的应力和应变关系曲线为一条水平直线，物料在外力作用下，当剪切应力达到物料屈服极限时产生剪切应变，只要保持这个剪切应力，剪切应变将不断增加，我们把这种形变称为塑性流动。理想塑性流体的主要特点是具有形变不可恢复性，即物体去掉应力后应变不能完全恢复，通常将这种不能恢复的应变称作残余应变或永久变形。

第二节　黏　弹　性

实际生产、生活中涉及的农业物料同理想物料性质有很大差别，农业物料中既包含着有液体性质的固体，又包含着有固体性质的液体。例如，冰激凌本身呈现固体状态，通过冰激凌机器的挤压表现出流动状态，并可塑成多种外形；饴糖是固体，但存放时间一长，会稍稍地流变黏粘在一起，这种形变与水的流动性质非常相似；鸡蛋蛋清可类似于橡胶那样伸长流出，可当它流断的时候还能稍稍地收缩，表现出较为显著的弹性；又如淀粉用少量水搅拌均匀形成白浆糯糊状态后，把它倒在盘中用手指使劲一按会产生裂纹，如再用力一捏它会变成碎块，落在盘中后又成为糊状流体。一般情况下，农业物料表现出比较复杂的固液相耦合的复杂力学特性——黏弹性。

黏弹性体是指既有固体的弹性又具有液体的黏性这样两种特性的物体，理想的黏性液体、理想的弹性物体和典型的黏弹性物体，当同时受到外力作用时，三种物体对外力的反映不同，黏弹性体在表现近似理想的弹性体特征同时，还表现出近似理想的黏性体特征，是两种特性的综合。黏弹性物料往往都有一定形状的组织结构或者网格结构，在受到外力作用时，将发生变形、屈服、断裂、流动等多种现象，是比较复杂的力学问题。黏弹性一般分为两种类型，一是线性黏弹性，黏弹性质仅与时间有关，与外力大小等无关，多数物料在小的应变量内均可视为线性黏弹性体，如果使物体变形的应力保持足够小，其线性黏弹性的特性曲线可用实验方法得出；二是非线性黏弹性，黏弹性质不但与时间有关，而且与外力大小和应变速率等有关，这类非线性黏弹性通常归入黏塑性范畴内加以研究。

国内外大量相关研究表明，农产品属于黏弹性体，并且呈现出较为典型非线性黏弹性体特征。现有的非线性黏弹性理论仍不足以精确描述农业物料的流变特性，并且颇为复杂，不利于揭示物料的基本流变特性，因此在开展相关研究过程中，对物料的流变特性时作了一些理想化假设，借助线性黏弹性理论揭示、分析农业物料的基本流变特性。

在研究农业物料线性黏弹性时，往往要研究两个重要性质，即应力松弛和蠕变。应力松弛是指物料突然地变形到给定值并保持不变时，应力随时间变化的函数关系。蠕变是指物料突然地受到一个给定应力值并保持不变时，应变随时间变化的函数关系。

第三节　流变模型和流变方程式

在流变学研究中往往把前述的理想物体作为基本机械模型，并通过不同方式的组合来模拟物料实际流变特性。这些模型在某种程度上能定性地表示物料的流变特性。根据流变模型，最后可导出流变方程式，利用流变方程式可解释和预测在各种加载条件下物料的性质。

对于上述的理想弹性体、理想黏性体和理想塑性体，其基本机械模型是比较简单的，它们分别用弹簧、阻尼器和摩擦块加以表示，并且只有一个流变常数。然而，农业物料大多为黏弹性体，它既有弹性固体的性质，又有黏性液体的性质。对于这类物料，它的流变模型至少由一个弹簧（表示固体特征）和一个阻尼器（表示黏性特征）组合而成。在一个机械模型中，弹簧和阻尼器的数量以及它们连接方式可以变换，以表示不同类型的黏弹性体和显示在应力或应变作用下它们所具有的性质。于是，一个黏弹性物料取决于表示流变特性的弹簧和阻尼器的数量，有若干个流变常数。对于黏弹性物料不存在一个简单的流变常数如弹性模量，因为弹性模量在整个加载或卸载时间范围内将是变化的，它是时间的函数。黏弹性物料的流变常数是用一个方程式表示的。

在建立流变模型时必须满足以下条件。

(1) 模型必须能预测在任何应力-应变情况下的实际物料性质。

(2) 模型必须能适应于拉伸和压缩应力及其相对应的应变。

(3) 在实际物料中，当流变特性发生变化时必须能依据模型参数加以解释。

一、单要素模型

(1) 弹性模型　在研究黏弹性体时，其弹性部分往往用一个代表弹性体的模型表示。弹性模型便是用一根理想的弹簧表示弹性的模型，因此也称"弹簧体模型"或"虎克体"。虎克模型代表完全弹性体的力学表现，即加上荷载的瞬间同时发生相应的变形，变形大小与受力的大小成正比。虎克模型符号及其应力-应变特征曲线如图 3-2 (a) 所示。弹性模型的流变方程可表示为：

$$\sigma = E\varepsilon \qquad\qquad (3\text{-}10)$$

式中，σ 为正应力，ε 为正应变，E 为弹性模量。

(2) 黏性模型　流变学中把物体黏性性质用一个阻尼模型表示，因此称为"阻尼模型"或"黏性模型"。阻尼模型符号及流动时应力应变特征曲线如图 3-2 (b) 所示。阻尼模型瞬间加载时，阻尼体即开始运动；当去载时阻尼模型立即停止运动，并保持其变形，没有弹性恢复。阻尼模型既可表示牛顿流体性质，也可以表示非牛顿流体性质。黏性模型的流变方程可表示为：

$$\sigma_v = \eta\dot{\varepsilon}_v$$

式中，σ_v 为正应力，则 $\dot{\varepsilon}_v$ 为正应变；ε_v 为正应变速率；η 为黏性系数。

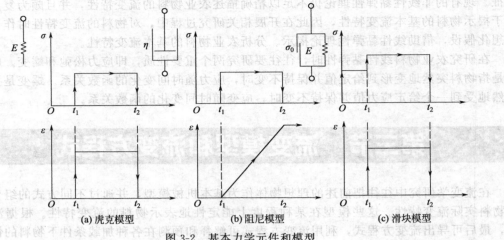

(a) 虎克模型　　　　　　　　(b) 阻尼模型　　　　　　　　(c) 滑块模型

图 3-2　基本力学元件和模型

（3）塑性模型　塑性模型又称"滑块模型"，虽不能独立地用来表示某种流变性质，但常与其他流变原件组合，表示有屈服应力存在的塑性流体性质。其代表符号及与虎克模型组合成的弹塑性体流变特性曲线如图 3-2（c）所示。滑块模型也称为"摩擦片""文思特滑片"。当摩擦片之间的摩擦力最大值 σ_v，当拉力 σ_p 小于时 σ_v 时，伸长 ε_v 为零；当 σ_p 达到 σ_v 时，σ_p 可为任何值，直至无限大。只要塑性元件发生形变，塑性元件的流变方程为：

$$\sigma_p = \sigma_v \tag{3-11}$$

式中，σ_p 为正应力；σ_v 为屈服应力。

二、麦克斯韦模型（Maxwell model）

麦克斯韦模型是由一个弹簧和一个黏壶串联组成的，如图 3-3（a）所示。这是最早提出的黏弹模型。这一模型可以用来形象地反映应力松弛过程。当模型一端受力而被拉伸一定长度时，由于弹簧可在刹那间变形，而黏壶由于黏性的作用来不及移动，弹簧首先被拉开，然后在弹簧恢复力的作用下，黏壶在黏性作用下被逐渐拉开，而弹簧在逐渐缩短，弹簧中的应力不断转变为黏壶中的摩擦力，直至全部转换，应力为零。这一过程与应力松弛过程相似。

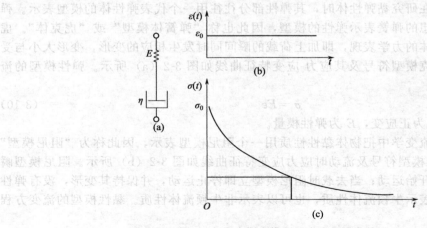

图 3-3　麦克斯韦模型及应力松弛曲线

当麦克斯韦模型受到拉力时，总应力等于弹簧上的应力，也等于黏壶上的应力，而总应

变等于弹簧应变与黏壶应变之和，即

$$\sigma = \sigma_E = \sigma_\eta \tag{3-12}$$

$$\varepsilon = \varepsilon_E + \varepsilon_\eta \tag{3-13}$$

将应变对时间微分得：

$$\frac{d\varepsilon}{dt} = \frac{d\varepsilon_E}{dt} + \frac{d\varepsilon_\eta}{dt}$$

因为

$$\sigma = \sigma_\eta = E\varepsilon_E$$

所以

$$\varepsilon_E = \frac{\sigma}{E} , \qquad \frac{d\varepsilon_E}{dt} = \frac{1}{E}\left(\frac{d\sigma}{dt}\right)$$

又因为

$$\sigma = \sigma_\eta = \eta\frac{d\varepsilon_\eta}{dt}$$

所以

$$\frac{d\varepsilon_\eta}{dt} = \frac{\sigma}{\eta}$$

经整理可得：

$$\frac{d\varepsilon}{dt} = \frac{1}{E} \cdot \frac{d\sigma}{dt} + \frac{\sigma}{\eta} \tag{3-14}$$

上式也可用积分式表示，即

$$\varepsilon = \frac{\sigma}{E} + \frac{\sigma}{\eta}t \tag{3-15}$$

当 σ 一定，$t \to 0$ 时，$\varepsilon = \dfrac{\sigma}{E}$。

当 $t \to t$ 时，$\varepsilon = \dfrac{\sigma}{E} + \dfrac{\sigma}{\eta}t = A + Bt$。

可见，模型一开始总是以弹簧形变 A 开始，然后再由 Bt 项起作用。

在观察应力松弛过程时，可使模型很快拉伸到一定形变，并保持形变。

因为

$$\frac{d\varepsilon}{dt} = \dot{\varepsilon} = 0$$

$$\frac{1}{E} \cdot \frac{d\sigma}{dt} + \frac{\sigma}{\eta} = 0$$

$$-\frac{d\sigma}{dt} = \frac{\sigma}{\eta}E$$

设 $\tau = \dfrac{1}{K} = \dfrac{\eta}{E}$，则上式可变为：

$$-\frac{d\sigma}{\sigma} = \frac{E}{\eta}dt = K\,dt = \frac{dt}{\tau}$$

积分上式得：

$$\sigma(t) = \sigma_0 e^{-\frac{t}{\tau}} \tag{3-16}$$

式中，$\tau = \eta/E$ 定义为麦克斯韦模型的松弛时间，它是物质的黏度和弹性模型的比值。这就说明，松弛时间的产生是由于黏性和弹性同时存在而引起的。如果材料的黏性非常大，松弛时间也大，说明黏滞性很高的材料对链段等微观调整有阻碍作用，材料需要更多的时间完成调整。如果弹性模量非常大，松弛时间相对较短，说明材料的刚硬度很强，这种材料多属于弹性较好的固体物，调整的尺度往往是原子或者分子间距，因此，松弛时间很短。当 $t = \tau$ 时，$\sigma = \sigma_0/e$，表示麦克斯韦模型松弛时间 τ 的宏观物理意义，即指应力 σ 降到初始应力 σ_0 的 $1/e$（36.8%）时所需要的时间。

图 3-3（c）是麦克斯韦应力松弛曲线，图中应力下降与时间的关系服从指数规律，开始下降很快，然后逐渐变慢。这与试验结果大致相同。由此得到应力松弛时间的试验确定方法，即在应力坐标轴上从原点开始至初始应力 σ_0 的 36%，作水平线与实验曲线相交，交点对应的时间坐标值即为应力松弛时间 τ。这也是通过松弛时间进一步确定弹簧弹性模量 E 和黏壶黏度 η 的实验方法。

应力松弛也可以用模量表示，即式（3-16）两边同除以初始应变量 ε_0。

$$\frac{\sigma(t)}{\varepsilon_0} = \frac{\sigma_0}{\varepsilon_0} e^{-t/\tau}$$

所以

$$E(t) = E_0 e^{-t/\tau} \tag{3-17}$$

式中，$E(t)$ 为松弛模量。

进行应力松弛试验时，首先要找出试样的应力与应变的线性关系范围，然后在这一范围内使试样达到并保持某一变形，测定其应力与时间的关系曲线，根据测定结果绘制松弛曲线并建立其流变学模型。一般地说，凝胶状物料在 $10\%\sim15\%$ 的应变范围内与应力保持线性关系。

三、开尔文模型（Kelvin model）

开尔文模型是由一个弹簧和一个黏壶并联组成，此模型可以描述食品的蠕变过程。当模型上作用恒定外力时，由于黏壶作用，弹簧不能被立即拉开，而是缓慢发生形变。去掉外力后，在弹簧回复力的作用下，又可慢慢回复原状，无剩余变形，故类似于蠕变过程。开尔文模型及蠕变曲线见图 3-4。

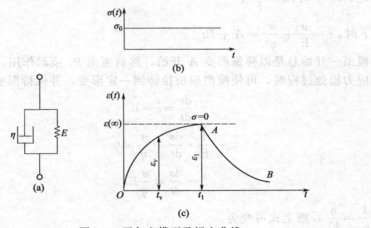

图 3-4　开尔文模型及蠕变曲线

在这个模型中，作用于模型上的应力 σ 是由弹簧和黏壶共同承担的，而弹簧和黏壶的形变是相同的，并且与模型的总形变一致。

$$\sigma = \sigma_E + \sigma_\eta \tag{3-18}$$

$$\varepsilon = \varepsilon_E = \varepsilon_\eta \tag{3-19}$$

所以

$$\sigma = E\varepsilon(t) + \eta \frac{d\varepsilon(t)}{dt} \tag{3-20}$$

式（3-20）称为开尔文方程。

对于蠕变试验，应力是一个常数，即 $\sigma = \sigma_0$，于是

$$\frac{d\varepsilon(t)}{dt} + \frac{\varepsilon(t)}{\tau} = \frac{\sigma_0}{\eta} \tag{3-21}$$

积分上式得：

$$\varepsilon(t) = \frac{\sigma_0}{E}(1 - e^{-t/\tau})$$ (3-22)

式中，$\tau = \eta/E$，称为蠕变推迟时间。当 $t \to \infty$ 时，$\varepsilon(\infty) = \sigma_0/E$，称为平衡形变。将式（3-22）两边用 σ 除可得：

$$\frac{\varepsilon(t)}{\sigma} = J(t) = \frac{\varepsilon(\infty)}{\sigma}(1 - e^{-t/\tau}) = J(\infty)(1 - e^{-t/\tau})$$ (3-23)

式中，$J(t)$ 表示 t 时刻柔量 $1/E(t)$；$J(\infty)$ 表示最大柔量 $1/E(\infty)$。当 $t = \tau$ 时，$\varepsilon = \varepsilon(\infty)(1 - 1/e) = 0.6321\varepsilon(\infty)$。由此可知，推迟时间的物理意义是形变达到平衡形变量（最大形变量）的 63.21% 时所需要的时间。

设 $t = t_1$ 时，解除应力，此时 $\sigma = 0$，则由式（3-20）可得：

$$E\varepsilon(t) + \eta\left[\frac{d\varepsilon(t)}{dt}\right] = 0$$ (3-24)

根据 τ 的定义，积分上式得：

$$\varepsilon(t) = \varepsilon_1 e^{-\frac{t-t_1}{\tau}}$$ (3-25)

式中，ε_1 是解除应力时的最大应变。

图 3-4（c）表示开尔文蠕变曲线。在应力一定时，应变增大的部分（OA 段）称为蠕变曲线，解除应力后，应变恢复的部分（AB 段）称为蠕变恢复曲线。

四、多要素模型

麦克斯韦模型和开尔文模型虽然可以代表黏弹性体的某些流变规律，但这两个模型与实际的黏弹性体还有一定的差距。为了更准确地用模型表述实际黏弹性体的力学性质，就需要用更多的元件组成所谓的多要素模型。四要素模型就是最基本的多要素模型。

（1）四要素模型　四要素模型有许多等效表现形式，如图 3-5 所示。在研究不同的流变现象时，为了解析方便，可以选用不同的等效模型。四要素模型的应力松弛过程解析如下。

图 3-5 所示的四要素模型为等效模型，选用图 3-5（b）所示的模型进行分析。显然，这一模型是由 2 个麦克斯韦模型并联而成，因此，总应力等于 2 个麦克斯韦模型应力之和。设这 2 个麦克斯韦模型各元件的黏弹性参数分别为 η_1、E_1、η_2、E_2，2 个模型的应力松弛时间分别为 $\tau_1 = \eta_1/E_1$，$\tau_2 = \eta_2/E_2$，那么由式（3-16）可知，在恒定应变 ε_0 情况下，应力松弛公式为：

$$\sigma(t) = \varepsilon_0 E_1 e^{-t/\tau_1} + \varepsilon_0 E_2 e^{-t/\tau_2}$$

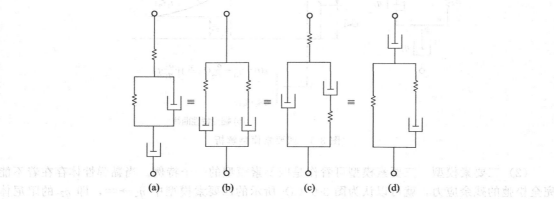

图 3-5　四要素模型（a）及其等效表现形式（b）～（d）

四要素模型的应力松弛曲线如图 3-6（a）所示。

四要素模型的蠕变过程解析如下。

四要素模型的蠕变解析选用图 3-6（b）所示的模型比较方便。该模型相当于一个麦克斯韦模型与一个开尔文模型串联。当载荷应力为 σ 时，模型的变形由三部分组成，一是由虎克体 E_1 产生的普通形变，是在瞬间完成的，相当于分子链中键角、键长变化引起的普通形变；二是由 E_2 和 η_2 的并联模型（开尔文模型）产生的黏弹形变，相当于链段运动引起的高弹形变；三是由阻尼体 η_1 产生的黏性液体不可逆的塑性流动，相当于分子链相互位移。据前文推导总形变 $\varepsilon(t)$ 为：

$$\varepsilon(t)=\frac{\sigma}{E_1}+\frac{\sigma}{E_2}(1-\mathrm{e}^{-t/\tau K})+\frac{\sigma}{\eta_1}t \tag{3-26}$$

根据同样推理，也可得出四要素模型的卸载蠕变恢复解析式。四要素模型的蠕变特性曲线及有关解析式如图 3-6（b）所示。从图中蠕变特性曲线可以看出，当施加载荷 σ 时，立刻发生 σ/E_1 应变，这是由 E_1 的虎克模型产生的瞬时响应。然后的变形便是由 η_1 阻尼体在速度 σ/η_1 下的运动和开尔文模型黏弹性滞后运动的叠加。当 $t\to\infty$ 时，开尔文模型变形停止，曲线逐渐平行于 η_1 阻尼体的变形曲线。这是一条牛顿流动的直线，变形将不会停止。但当某一时刻 t_1 去掉载荷时，模型将恢复蠕变。首先是 E_1 虎克体瞬时恢复到原来长度，开尔文模型也会在 $t\to\infty$ 时完全恢复，然而 η_1 阻尼体流动的距离却无法恢复。也就是说，整个模型将产生残余变形，残余变形的大小为 $\sigma t_1/\eta_1$。

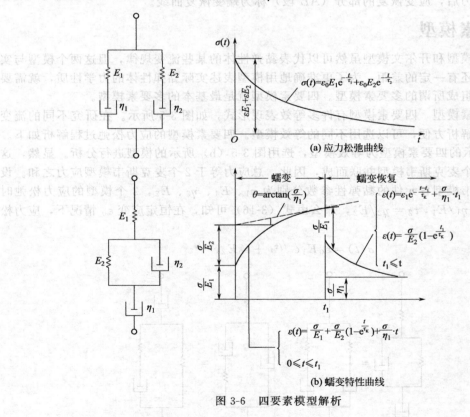

图 3-6 四要素模型解析

（2）三要素模型 三要素模型可看作是四要素模型的一个特例。当黏弹性体存在着不能完全松弛的残余应力，就可以认为图 3-6（a）所示的四要素模型中 $\eta_2\to\infty$，即 η_2 的阻尼体

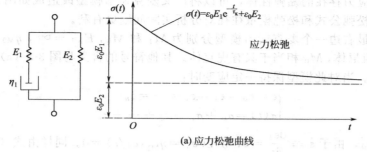

(a) 应力松弛曲线

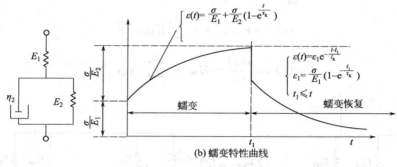

(b) 蠕变特性曲线

图 3-7　三要素模型解析

成了不能流动的刚性连接。这时模型便可简化为图 3-7（a）所示的三要素模型。这时仍可利用式（3-25），只是因为 $\eta_2 \to \infty$，$\tau_2 \to \infty$，应力松弛式变为：

$$\sigma(t) = \varepsilon_0 E_1 e^{-\frac{t}{\tau_1}} + \varepsilon_0 E_2 \tag{3-27}$$

显然当 $t \to \infty$ 时，存在残余应力，如图 3-7（a）所示。

同样道理，当进行蠕变解析时，假设 $\eta_1 = \infty$，那么图 3-6（b）所示的四要素模型会简化为图 3-7（b）所示的三要素模型。这时式（3-26）蠕变公式为：

$$\varepsilon(t) = \frac{\sigma}{E_1} + \frac{\sigma}{E_2}(1 - e^{-\frac{t}{\tau_K}}) \tag{3-28}$$

从图 3-7（b）的蠕变曲线也可以看出，蠕变变形存在一个极限值，当去掉载荷时形变完全可以恢复。

五、广义模型

以上几种模型都是最基本的简单模型，能够用来近似地描述黏弹性食品的蠕变或者松弛过程。但是，在实际黏弹性食品中每一条高分子链的长短不一，所处的环境与起始构象也不同，链段的实际长度也有变化。所以，在力学松弛过程中，蠕变和应力松弛时间远不止是一个值（$\tau_1 \neq \tau_2 \neq \tau_3 \cdots$），而是一个分布很宽的连续谱，即为时间谱。基于上述观点，需采用多元系列的麦克斯韦模型或开尔文模型，将麦克斯韦模型或开尔文模型进行串联或并联，并把由此产生的效应叠加。

（1）广义麦克斯韦模型　广义麦克斯韦模型由许多麦克斯韦模型并联而成，其应力松弛公式可由式（3-16）、（3-17）推导得到。

$$\sigma(t) = \varepsilon \sum_{i=1}^{n} E_{Mi} e^{-\frac{t}{\tau_{Mi}}} , \tau_{Mi} = \frac{\eta_{Mi}}{E_{Mi}} \tag{3-29}$$

式中，$\sigma(t)$ 为松弛过程的应力；ε 为恒定的应变；E_{Mi} 为第 i 个麦克斯韦模型的松弛模量；τ_{Mi} 为第 i 个麦克斯韦模型的应力松弛时间；η_{Mi} 为第 i 个麦克斯韦模型的黏度；t 为时间。

对于有残余应力存在的黏弹性体，可以将广义麦克斯韦模型改造成如图 3-8（b）所示。这样得出的应力松弛公式和松弛模量往往对分析实际问题更有利。

设第一个和最右边一个麦克斯韦模型分别为 M_1 和 M_0，$E_{M1} = \infty$，$\eta_{M0} = \infty$，即认为 M_1 相当于一个阻尼体，M_0 相当于只有虎克体。其他符号的含义与图 3-8（a）所示的广义麦克斯韦模型相同。当对此模型保持一定应变时：

$$\begin{cases} \varepsilon = \varepsilon_0 = \varepsilon_1 = \varepsilon_2 = \cdots = \varepsilon_n \\ \sigma(t) = \sigma_0 + \sigma_1 + \sigma_2 + \cdots + \sigma_n \end{cases}$$

式中，$\sigma_0 = E_{M0}\varepsilon_0$，由于 $\dot{\varepsilon} \equiv \dfrac{\mathrm{d}\varepsilon_1}{\mathrm{d}t} = 0$，所以 $\sigma_1 = \eta_{M1}(\varepsilon_1/t) = 0$。同样由式（3-29）可推知：

$$\sigma(t) = E_{M0\varepsilon_0} + \varepsilon_0 \sum_{i=2}^{n} E_{Mi}\, \mathrm{e}^{-\frac{t}{\tau_{Mi}}} \tag{3-30}$$

$$E_M(t) \equiv \frac{\sigma(t)}{\varepsilon_0} = E_{M0} + \sum_{i=2}^{n} E_{Mi}\, \mathrm{e}^{-\frac{t}{\tau_{Mi}}} \tag{3-31}$$

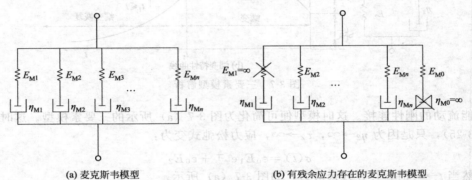

(a) 麦克斯韦模型   (b) 有残余应力存在的麦克斯韦模型

图 3-8　广义麦克斯韦模型

流变学中把 $E_M(t)$ 或 $E_M(t) - E_{M0}$ 称为广义松弛模量。在广义麦克斯韦模型中，各单元模型像实际黏弹性体中的流动粒子一样连续分布时，不仅各单元的应力松弛时间各不相同，而且是一个无限的存在，这时应力松弛公式可写为：

$$\sigma(t) = E_{M0\varepsilon_0} + \varepsilon_0 \int_0^\infty f(\tau_M)\, \mathrm{e}^{-\frac{t}{\tau_M}} \mathrm{d}\tau_M, \quad \tau_M = \frac{\eta}{E} \tag{3-32}$$

$f(\tau_M)$ 称为松弛时间分布函数或称松弛时间谱。实际上就是使 τ_M 成为连续的可以微分的函数，即把 τ_M 和 $\tau_M + \mathrm{d}\tau_M$ 之间的麦克斯韦模型松弛模量 E_{Mi} 的和写成 $f(\tau_M)\mathrm{d}\tau_M$，或者理解为在 $[\tau_M \sim \tau_M + \mathrm{d}\tau_M]$ 时间内麦克斯韦单元的"浓度"。式（3-32）也可以用如下的松弛模量表示。

$$E_M(t) = E_{M0} + \int_0^\infty f(\tau_M)\, \mathrm{e}^{-\frac{t}{\tau_M}} \mathrm{d}\tau_M \tag{3-33}$$

当用四要素（或五要素等）模型不能完全描述有些食品的松弛（蠕变）特点时，为方便起见，一般不采用增加要素个数的方法，而采用松弛时间谱（或推迟时间谱）的方法。

对上面式子进行近似计算可得：

$$-\frac{\mathrm{d}E_M(t)}{\mathrm{d}t} = f(\tau) \tag{3-34}$$

或写成

$$-\frac{\mathrm{d}E_{\mathrm{M}}(t)}{\mathrm{d}(\lg t)}=f_{\mathrm{L}}(\lg\tau_{\mathrm{M}})$$

式中，$f_{\mathrm{L}}(\lg\tau_{\mathrm{M}})$ 称为对数松弛时间谱。它等于测定黏弹性体松弛曲线 $E_{\mathrm{M}}(t)\to\lg t$ 的关系而得到的曲线斜率的负数。因为应力松弛时间谱的数量很大，故常用对数式 $f_{\mathrm{L}}(\lg\tau_{\mathrm{M}})\to\lg t$ 表示松弛时间谱的变化情况（图 3-9）。

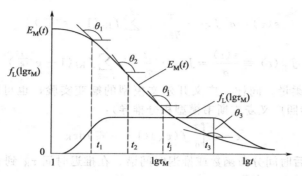

图 3-9　对数应力松弛时间谱的求法

（2）广义开尔文模型　实际黏弹性体蠕变性质的模拟，用广义的开尔文模型比较方便。广义开尔文模型如图 3-10 所示，由许多开尔文模型串联而成。与前文推理相同，这一模型的蠕变公式如下。

$$\varepsilon(t)=\sigma\sum_{i=1}^{n}\frac{1}{E_{\mathrm{K}i}}(1-\mathrm{e}^{-\frac{t}{E_{\mathrm{K}i}}})=\sigma\sum_{i=1}^{n}J_{\mathrm{K}i}(1-\mathrm{e}^{-\frac{t}{\tau_{\mathrm{K}i}}}) \tag{3-35}$$

式中，$\tau_{\mathrm{K}i}=\eta_{\mathrm{K}i}/E_{\mathrm{K}i}$；$J_{\mathrm{K}i}=1/E_{\mathrm{K}i}$；$\varepsilon(t)$ 为蠕变应变；σ 为恒定应力；$E_{\mathrm{K}i}$ 和 $\eta_{\mathrm{K}i}$ 分别为第 i 个开尔文模型的弹性模量和黏度；$\tau_{\mathrm{K}i}$ 为第 i 个开尔文模型的推迟时间；$J_{\mathrm{K}i}$ 为对应于 $E_{\mathrm{K}i}$ 的柔量；t 为时间。

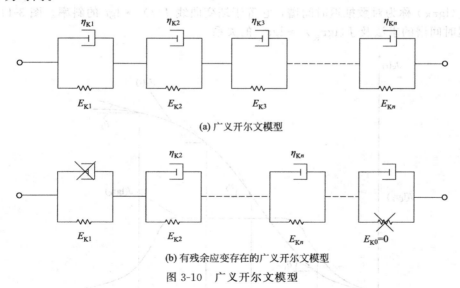

(a) 广义开尔文模型

(b) 有残余应变存在的广义开尔文模型

图 3-10　广义开尔文模型

考虑到实际黏弹性体的蠕变存在着不可完全恢复的残余应变，对广义开尔文模型进行如图 3-10（b）所示的设定。即最后一个和第一个开尔文模型分别称为 K_0 和 K_1。K_0 的虎克体 $E_{\mathrm{K}0}=0$（断开弹簧），K_1 的阻尼体 $\eta_{\mathrm{K}i}=0$（断开黏壶），于是有：

$$\begin{cases} \varepsilon(t) = \varepsilon_0 + \varepsilon_1 + \varepsilon_2 + \cdots + \varepsilon_n \\ \sigma = \sigma_0 = \sigma_1 = \sigma_2 = \cdots = \sigma_n \end{cases}$$

由式（3-22）可以推知：

$$\varepsilon(t) = \frac{\sigma_0}{\eta_{K0}} + \frac{\sigma_1}{E_{K1}} + \sum_{i=2}^{n} \frac{\sigma_i}{E_{Ki}} (1 - e^{-\frac{t}{\tau_{Ki}}})$$

$$\varepsilon(\tau) = \sigma \left[J_{K1} + \frac{\tau}{\eta_{K0}} + \sum_{i=2}^{n} J_{Ki} (1 - e^{-\frac{\tau}{\tau_{Ki}}}) \right] \tag{3-36}$$

所以

$$J_K(t) \equiv \frac{\varepsilon(t)}{\sigma} = J_{K1} + \frac{t}{\eta_{K0}} + \sum_{i=2}^{n} J_{Ki} (1 - e^{-\frac{t}{\tau_{Ki}}}) \tag{3-37}$$

$J_K(t)$ 称为蠕变柔量。同样，广义开尔文模型的蠕变实验，也可以作微分分析。由式
（3-36）可以推知（参照广义麦克斯韦模型积分推导）：

$$\varepsilon = \sigma \int_0^{\infty} f(\tau_K)(1 - e^{-\frac{t}{\tau_K}}) d\tau_K \tag{3-38}$$

式中，$f(\tau_K)$ 称为滞后时间分布函数或推迟时间谱。在推迟时间 τ_K 到 $\tau_K + d\tau_K$ 之间的蠕变
柔量 J_K 之和用 $f(\tau_K)d\tau_K$ 表示。

因为

$$f(\tau_K)d\tau_K = \sum J_K$$

$$J_K(t) = \frac{\varepsilon(t)}{\sigma}$$

由式（3-38）得：

$$J_K(t) = \int_0^{\infty} f(\tau_K)(1 - e^{-\frac{t}{\tau_K}}) d\tau_K \tag{3-39}$$

用近似计算的方法可以得到如下关系：

$$\frac{dJ_K(t)}{dt} = f(\tau_K), \quad \frac{dJ(t)}{d(\lg t)} = f_L(\lg \tau_K) \tag{3-40}$$

式中，$f_L(\lg \tau_K)$ 称为对数推迟时间谱，它等于蠕变曲线 $J(t) \to \lg t$ 的斜率。图 3-11 所示为
对数推迟时间谱的求法及 $J(\lg \tau_K) \to \lg \tau_K$ 的关系。

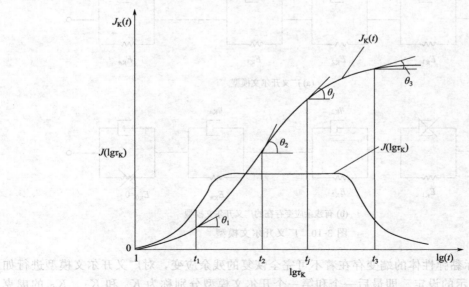

图 3-11　对数推迟时间谱的求法

第四节 固体农业物料的流变性质及其测定

相关研究表明，农业物料流变特性参数的确定方法借鉴了非生物物料常用的试验程序，也得到了能够反映农产品流变性质的数据。固体农业物料的流变性质的测定方法可分为基本试验、模拟试验两类。基本试验测定的参数为物料固有特性，与试验样品的几何形状、载荷状况、试验仪器等无关，如弹性模量、泊松比、松弛时间等参数。模拟试验测定的特性参数则与试验设备有直接关系。农业物料的基本实验方法又可分为静态（准静态）试验、动态试验两种。例如，采用万能试验测定物料弹性模量为准静态试验；而采用频率为 200Hz 的振荡装置来测定物料的弹性模量则为动态试验。一般来讲，可以根据加载速率来区分准静态试验还是动态试验，农业物料的流变特性随着品种、含水量、成熟度、尺寸等因素而变。农业物料或食品的流变性质可采用小型万能试验机测定，也可以根据研究需要调控温度、湿度等环境参数。

一、农业物料力-变形关系曲线

农产品在运输、加工过程中，大多是在自然状态下承受各种外力作用，因此自然状态下农业物料的力学特性测试更具工程和现实意义；如果按照工程试件的测试标准，将一个完整的物料制作成圆柱形或矩形进行测试，虽然可提高参数测试精度，但不利于反映出物料的真实力学特性；相关研究表明，采用标准试件获得的力学特性参数，只能在一定程度上反映完整物料真实力学特性，具有一定的特殊性、针对性和局限性，因此借助物料的力-变形关系曲线测试特性参数时，需说明试件状态、试验程序、试件尺寸等详细资料。

农业物料典型的力-变形关系曲线如图 3-12 所示，类似于低碳杆拉伸曲线，生物材料也存在弹性、屈服、塑性等变形阶段，在 LL 点（弹性极限点）之前农业物料的力-变形曲线呈线性关系，此阶段的形变大多可以恢复，在点 LL 处力-变形关系曲线开始偏离初始线性区段，逐渐进入塑性阶段，经过 Y 点（生物屈服点）后，力不再增加甚至有时还减少，而变形却在不断增加，生物屈服点 Y 可以出现在点 LL 以后的任何位置，当经过 R 点（破裂点）位置时物料在轴向载荷作用下产生了破裂。一般认为，农业物料中生物屈服点对应微观结构的破坏，而破裂点对应宏观结构的破坏。破裂点可以出现在曲线上生物屈服点后的任何位置。脆性生物材料中破裂点可能出现在曲线的初始阶段。韧性物料中破裂点可能在大量的塑性流动以后才发生。

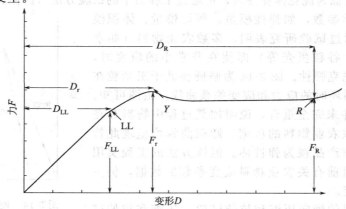

图 3-12　农业物料典型的力-变形关系曲线

试验研究表明，柔软生物组织的力-变形关系曲线的初始区段一般是向力坐标轴下凹。干聚合物物料的力-变形关系曲线恰好相反，一般向力坐标轴上凸，如图 3-13 所示。造成这种特性上差异的原因还不太清楚，但可能是由于生物物料中存在的水分使物料产生较小的抗剪应力，从而使物料在较小的初始应力时产生较大的变形。在较大的变形时力-变形关系曲线呈现 S 形，曲线斜率开始增加，随后又下降。

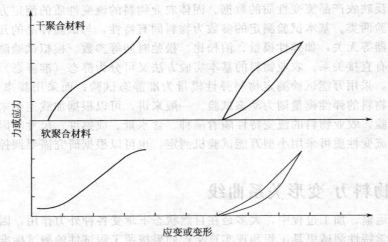

图 3-13　聚合物和生物物料在拉伸时力（应力）和变形（应变）关系曲线和延后曲线

由于生物物料中存在 S 形的力-变形关系曲线，所以在曲线上某个位置之前，随着载荷或变形的增加，力-变形关系曲线斜率逐渐加大，弹性模量逐渐加大。已经查明，软生物组织在较小应变时的正切模量（应力和应变曲线上任意点的前切线斜率）几乎等于零，并随着应变增加呈指数增加，因此农业物料流变特性参数应当从曲线初始区段识别，此阶段在较小应变作用下物料在较大程度上具有弹性或线性黏弹性，可用适当理论加以解释。

用各种植物的茎、根和叶作实验表明，气室较多的植物具有较大的弹性，即刚度和弹性模量较小。同时发现，动、植物物料的应力和应变（或加的力或变形）曲线形状可从 S 形到直线不等。软的动、植物组织一般有平直的曲线（低模量），而硬的动、植物组织有较陡的曲线（高模量）。

二、农业物料的弹性参数测定

将农业物料近似为虎克体弹性时，可通过工程力学的试验方法（拉伸、压缩等）测定具有明确意义的力学参数，如弹性模量、剪切模量、体积模量、泊松比等。通过试验研究表明，多数农业物料（如水果、蔬菜、饲料、谷粒蛋壳等）即使在非常小的应变时，也不存在显著的虎克弹性。图 3-14 为坚硬胚乳干玉米粒在加载和卸载第一循环时的应力和应变关系曲线。由图可知，加载和卸载曲线并未完全重合，说明加载过程中物料存在塑性变形，大多数农业物料的压缩、卸载曲线均呈现此特征，因此不宜将农产品视为弹性体。但该方法的工程实用价值较大，因此目前有关农业物料流变参数的数据，仍主要采用该方法测定。

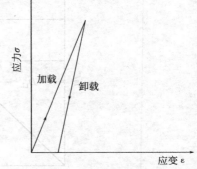

图 3-14　硬胚乳干玉米粒的应力和应变关系曲线

（1）农业物料的轴向压缩和拉伸试验　压缩和拉伸试

验只是施加应力的方向相反。至于在试验中采用哪一种试验方法，这主要根据物料承受载荷、压缩和拉伸载荷作用下物料特性差异以及每种特定物料在试验过程中遇到的问题而定。从目前报道的资料来看，压缩试验资料要比拉伸试验多；另一方面是因产品的机械损伤通常是由于压缩载荷引起的。生物物料进行轴向压缩试验时的基本要求与工程材料相同。这些要求一般包括施加的载荷应是同轴的、不能使试件产生弯曲应力；避免试件端面和试验机表面之间因试件的扩张而产生摩擦；试件长度和直径之比要合适，以保证试件有足够的稳定性和防止压弯作用。

在确定苹果、马铃薯、干酪和奶油等物料弹性模量时，通常将它们制成圆柱形试件，并在两个平行的刚性平面间进行压缩试验。对于玉米、小麦和豆子等谷粒可以把两端切去做成试件。横截面积可用千分尺测量。弹性模量 E 可用公称应力和公称应变之比求出。

$$E = \frac{F/A}{\Delta L/L}$$

式中，F 为施加的外力；A 为试件初始横截面积；ΔL 为在外力作用下的变形；L 为试件的初始长度。

农业物料在微小变形情况也包含塑性形变，仍有部分变形不可恢复，物料在压缩全程内部的应力、应变始终为非线性关系，因此在曲线的不同位置可得不同的弹性模量值，此时可根据原点正切模量、割线模量和正切模量来定义物料弹性模量，如图 3-15 所示。采用上述方法测定的弹性模量称作表观弹性模量，并且需说明测定弹性模量值时对应的应力或应变范围。原点正切模量是通过原点的切线斜率；割线模量是原点和曲线上任意选取的 A 点连线斜率；正切模量是曲线上所选定的点 B 的切线斜率。

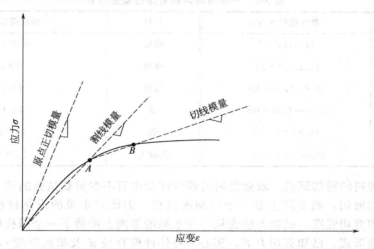

图 3-15　在非曲线性的应力和应变关系图上定义表现模量的方法

生物物料在拉伸试验中遇到的最大困难是设计一种夹紧装置，使它既能牢固地夹持试件的端部，又不至于施力过大破坏生物组织。由于生物物料的形状尺寸不规则、组织中存在水分以及物料的柔软性和不对称性，为试验样本的夹紧、直线对准、纵轴的对称性、应力集中、轴向加载时产生弯曲应力等造成极大的困难，因此不规则农业物料的拉伸特性试验，主要集中于拉伸夹具的研制。

例如，为了解马铃薯在输送过程中破裂的机理，对马铃薯表皮、中心果肉以及表皮与果肉之间的中间层进行轴向拉伸试验，并取得拉伸应力和应变的关系。拉伸试件为 3.8mm 厚的薄片做成的矩形试件，其形状如图 3-16 所示。应力根据试件最窄部分的初始横截面积计算。应变根据试件给定标距长度，由每单位初始长度的变形来表示，并用专门设计的拉伸仪测定，如图 3-16 所示。试验结果表明，在破裂点之前所得应力和应变关系曲线是非线性的。利用轴向压缩和拉伸的方法，求出一些物料体积的弹性模量值 E，如表 3-2 所示。

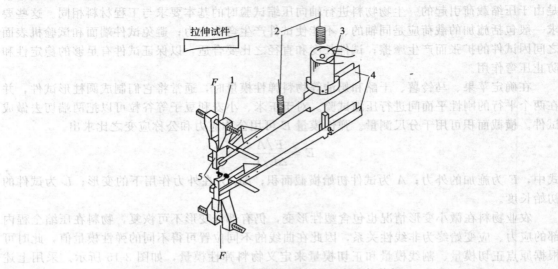

图 3-16　马铃薯片拉伸试验时的试件和拉伸仪
1—试验夹持器；2—连接到机架；3—位移传感器；4—铰接点；5—马铃薯试件

表 3-2　一些物料体积的弹性模量值 E

物料	弹性模量 E/Pa	物料	弹性模量 E/Pa
胡萝卜	$(2 \sim 4) \times 10^7$	凝胶	0.02×10^7
梨	$(1.2 \sim 3) \times 10^7$	橡胶	8×10^8
马铃薯	$(0.6 \sim 1.4) \times 10^7$	玻璃	7×10^{10}
苹果	$(0.6 \sim 1.4) \times 10^7$	铁	8×10^{10}
桃子	$(0.2 \sim 2) \times 10^7$	钢	25×10^{10}
香蕉	$(0.08 \sim 0.3) \times 10^7$	混凝土	1.7×10^{10}

　　(2) 农业物料的剪切试验　农业物料的弹性试验中有不少剪切试验的例子，其中有些实验并不是真正的剪切，而实际上是一个切割的过程。为研究水果的成熟过程，曾测定了苹果、梨等果肉的剪切强度。试验方法为从一片水果的果肉上冲剪下一个圆柱体，这实际上是一种正剪切试验形式。已知剪切力 F，实心圆柱体冲模直径 d 及果肉厚度 t，则剪切强度 S 可由下式确定。

$$S = \frac{F}{\pi d t}$$

　　水果的成熟与细胞壁中间的果胶物质变化有密切关系。果胶物质的作用类似于黏结剂把细胞粘在一起。水果成熟时，果胶物质的变化使得细胞变松软，所以可以利用水果剪切强度来测定细胞彼此黏结程度或水果成熟度；水果未成熟时，细胞沿剪切面彼此紧密地黏结在一起，在剪切作用下撕离；当水果成熟时黏结剂是柔软的，这些细胞彼此并排地滑移而不产生撕离现象。所以，水果在不断成熟的过程中，果胶物质不断地分离，细胞联结力减弱，剪切强度减少。图 3-17 所示为苹果成熟过程中压缩强度和剪切强度的变化。

　　为测定水果表皮抗剪切或冲剪能力，利用图 3-18 所示的装置测定了苹果表皮的剪切强度。试验结果表明，苹果表皮抗剪切强度比抗压强度约低 42%。

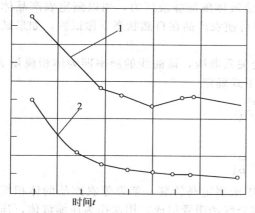

图 3-17 苹果成熟过程中压缩强度和剪切强度变化
1—压缩强度；2—剪切强度

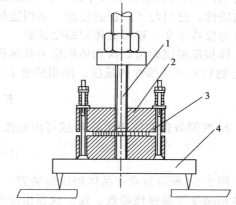

图 3-18 苹果表皮剪切强度测定仪
1—钢冲模；2—剪切试验夹具；3—苹果皮；4—测力计平台

（3）农业物料的弯曲试验　同工程材料的弯曲试验类似，一些农业物料也可将其作为简支梁或悬臂梁做试验。饲料茎秆或蔬菜茎秆在自然状态下可作为梁做试验，质地比较均质的物料，如干酪和奶油等也可将其做成矩形杆作为梁做试验。由于物料的自重或在梁上附加一个小的集中载荷而使梁产生弯曲下垂。如果一个简支梁，已知载荷和挠度，则可用下式计算出弹性模量。

$$E = \frac{FL^8}{48ID}$$

式中，F 为梁中部的集中载荷；L 为梁的有效长度；I 为惯性矩；D 为梁中部的挠度。

图 3-19 所示为茎秆弯曲强度测定装置。图 3-20 所示为烟叶中脉极限曲率半径的测定方法。将烟叶在正圆锥外表面上弯曲并且逐渐地向锥顶滑动，取中脉出现破裂时的圆锥半径为烟叶中脉极限曲率半径。经测定表明，在烟叶的加工中，为使烟叶中脉不产生断裂，其最小的滚轮直径应不小于 152mm 是比较合理的。

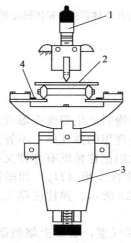

图 3-19 茎秆弯曲强度测定装置
1—位移传感器；2—试件；3—可调支承；4—应变仪

图 3-20 烟叶中脉断裂的极限曲率半径的测定方法

（4）农业物料的体积压缩试验　当物体受到各向相等的压缩应力 P 时，将产生体积变化为 ΔV，但其形状没有发生改变。利用水或其他液体施加静液压力，用以测定农产品体积压缩特性，已引起了广泛的注意。采用这种方法可使农产品在自然状态下做试验，如果试验时压力保持不变，还可做体积蠕变试验。

体积压缩试验可以得到体积应力和体积应变关系曲线，该曲线的斜率即为体积模量 K。K 是物料不可压缩性的量度。体积模量 K 可用下式确定。

$$K = \frac{P}{\Delta V / V}$$

K 的倒数称作体积柔量 B 或可压缩性。

$$B = \frac{1}{K} = \frac{\Delta V}{PV}$$

图 3-21 所示为农产品体积压缩装置，它可用来测定马铃薯、苹果等农产品的体积模量或体积蠕变等黏弹性参数。这个仪器由压缩室和分度透明管组成。用水作为压缩液体，压力由压缩空气提供。马铃薯试验结果表明，在较高压力下时曲线朝应力坐标轴偏转，说明马铃薯块茎在液压作用下变得比较硬。经测定成熟的马铃薯块茎其体积模量 K 约为 78MPa。图 3-22 所示为马铃薯块茎在静液压力作用下体积应力和体积应变的关系曲线。

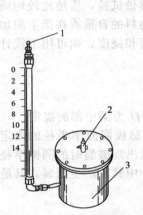

图 3-21　农产品体积压缩装置
1—接压缩空气和压力传感器；
2—通气阀；3—压缩室

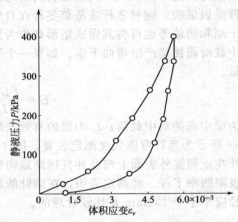

图 3-22　马铃薯块茎在静液压力作用下体积应力和体积应变的关系曲线

三、农业物料的弹塑性参数及测定

弹性是指物料产生弹性变形或回复变形的能力。塑性是指物料产生塑性变形或永久变形的能力。正如前述，迄今为止所试验的生物物料还没有一种是理想的弹性体。不管载荷的大小，在第一次加载和卸载以后似乎总是保留某些残余变形。我们把这种既有弹性又有塑性的物体称作弹塑性体。当物体施加一定载荷，然后卸除载荷，弹性变形（D_p）和塑性变形与弹性变形之和（$D_p + D_e$）的比值，我们称作弹性度，如图 3-23 所示。弹性度越大，物体恢复变形能力越强。理想弹性度应为 1，弹塑性的弹性度均小于 1。

农业物料中大部分残余变形是由于物料结构中存在孔隙或气室，表面上细胞微弱破裂，谷粒等脆性物料中微观断裂和物料结构中可能存在的其他不连续性造成的。生物物料经数次加载和卸载试验表明，物料中塑性变形或残余变形减小，出现了如金属材料那样的硬化现象，如图 3-24 所示。

由图 3-24 可知，第一次卸载曲线的斜率和其后各次卸载曲线的斜率相比，没有发生变化。这个现象表明，如果根据力 F 和弹性变形 D_e 来计算弹性模量时，弹性模量不受硬化的影响。如物料在加载和卸载过程的一个完整循环中形成一个封闭的环扣，则这个特性称作弹性滞后。如有残余变形则称作弹塑性滞后。在加载和卸载过程中，这两种情况都会造成能量损失，这种能量损失称作滞后损失，它的数值与加载功和卸载功的差有关。滞后损失的大小也是物料弹性的量度。物料越接近于理想弹性，则滞后损失越小。图 3-25 所示为玉米含水率对滞后损失的影响。由图可知，玉米含水率越高，滞后损失越大。这可能是由于含水率高时，附加的水分使谷粒塑性增大，反过来又使滞后能增加。

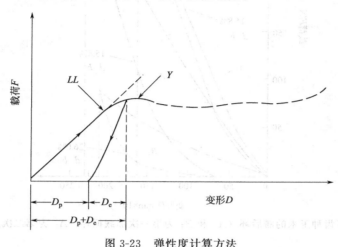

图 3-23　弹性度计算方法

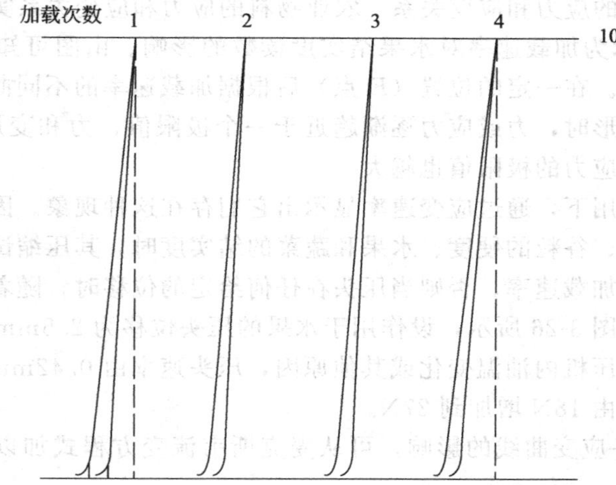

图 3-24　小麦（含水率 10％）加载和卸载曲线

四、农业物料的黏弹性参数及测定

研究农业物料黏弹性和确定它们在已知载荷作用下的应力、应变和时间之间的关系，可采用多种试验方法。如前所述，应力或应变保持得足够小，我们可以认为，物料具有线性黏

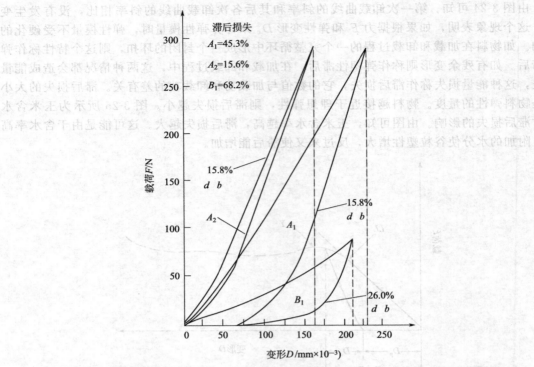

图 3-25　黄齿种玉米的滞后环（A_1 和 B_1 为第一次加载循环，A_2 为第二次加载循环）

弹性的假定是正确的。这些重要试验包括应力-应变、蠕变、应力松弛和动态试验等。

（1）随时间而变的应力和应变关系　农业物料的应力和应变关系实际上是随加载速率而变的。如图 3-26 所示为加载速率对水果结实度读数的影响。由图可知，曲线的初始部分与试验的加载速率无关。在一定的位置（E 点）后根据加载速率的不同曲线产生了分离。同时还可看出，在大的变形时，力或应力逐渐趋近于一个极限值，力和变形关系曲线变为水平。加载速度越快，力或应力的极限值也越大。

农产品在外力作用下，通过应变速率显示出它们存在这种现象。因此，在评价农产品质量时，如肉的鲜嫩度、谷粒的硬度、水果和蔬菜的结实度时，其压缩试验机在进行试验期间必须保证提供不变的加载速率，否则当压头在任何给定的位移时，随着加载速率的变化力的读数也会起变化。如图 3-26 所示，设作用于水果的压头位移为 2.5mm 时的压力读数为水果的结实度。若由于液压机内油温变化或其他原因，压头速率由 0.42mm/s 增加到 5.50mm/s 时，则结实度读数将由 18N 增加到 27N。

加载速率对应力-应变曲线的影响，可从麦克斯韦流变方程式加以预测。如前所述，麦克斯韦流变方程式为：

$$\dot{\varepsilon} = \dot{\sigma}/E + \sigma/\eta$$

当应变速率为常值，即 $\varepsilon = R$ 时，上式可写成：

$$\dot{\sigma} + \frac{E}{\eta}\sigma = RE$$

此方程式的解为：

$$\sigma = A e^{-\frac{E}{\eta}t} + R\eta$$

根据初始条件，当时 $t = 0$，$\sigma = 0$，求出常数 $A = -R\eta$。且 $\varepsilon = Rt$，则上式的解可写成：

$$\sigma = R\eta(1 - e^{-Ee/R\eta}) \tag{3-41}$$

式（3-41）为麦克斯韦模型的应力和应变关系式。由此方程式可知，麦克斯韦模型中弹性元件的弹性模量 E 即为应力-应变曲线初始部分的斜率，它与加载速度无关。在较大应变时曲线斜率随加载速率 R 而变化。在大的应变时，曲线趋近于水平，应力达到极限值 $R\eta$。根据极限应力值和加载速率即可得知麦克斯韦体中的黏性元件的黏性系数。

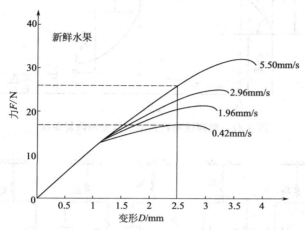

图 3-26　加载速率对水果结实度读数的影响

（2）农业物料的蠕变实验　蠕变实验是将静载荷（应力）突然地施加到物体上并保持常值，测定变形（应变）和时间的函数关系。试验时所施加的力不能超出物料的弹性极限点，否则会引起大的应变，它将不再呈现出线性黏弹性。在这种情况下，用流变模型来表示物料特性将不再有效。农业物料蠕变特性的流变模型一般可用伯格斯模型表示，物料蠕变和卸载时复原的完整曲线如图 3-27 所示。根据伯格斯模型绘制的图 3-27 曲线，可用图 3-28 加以解释。如前所述，在突然加载的 σ_0 作用下，弹簧 E_0 伸长。伸长应变量为 σ_0/E_0。若已知常指应力 σ_0，则零时瞬时弹性模量 E_0 可根据瞬时应变求出。在初始应变 σ_0/E_0 产生后，物料开始以较高速率蠕变，但由于阻尼器 η_r 的缘故使应变速率逐渐下降。在时间 t 时卸除载荷，弹簧 E_0 突然地返回到初始状态，而弹簧 E_0 不能瞬时地收缩到初始状态。瞬时复原的弹性应变等于初始瞬时应变 σ_0/E_0。在复原期间，弹簧慢慢地迫使阻尼器 η_r 中活塞返回到初始位置。由于载荷卸除后已没有力作用到阻尼器 η 上，这个元件便保留着不能复原的位移，以表示物料的永久变形。

延迟弹性模量 E_0 可根据曲线的加载部分或卸载部分的 σ_0/E_0 值计算而得，如图 3-27 所示。流动参数 $\sigma_0 t/\eta$ 可从卸载曲线达到平衡后的曲线部分求出。已知常值应力 σ_0 和蠕变时间 t，则可从实验值 $\sigma_0 t/\eta$ 中求出黏度 η。

由图 3-28 中的蠕变模型，可得如下方程：

$$\frac{\sigma_0}{E_r}(1 - e^{-t/T_r}) = e(t) - \frac{\sigma_0}{E_0} - \frac{\sigma_0 t}{\eta} \tag{3-42}$$

若令

$$\frac{\sigma_0}{E_r}(1 - e^{-t/T_r}) = A$$

$$\frac{\sigma_0}{E_r} = B$$

则方程式（3-42）的左边部分即为 t 时间内的延迟弹性变形量，并可写成：

$$A = B(1 - e^{-t/T_r})$$

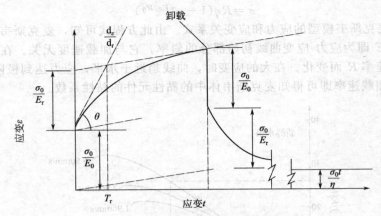

图 3-27　黏弹性物料典型的蠕变和恢复曲线

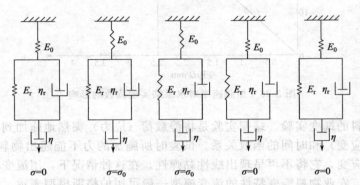

图 3-28　由伯斯格模型表示的蠕变和复原特性

或

$$(1 - \frac{A}{B}) = e^{-t/T_r}$$

$$\lg(1 - \frac{A}{B}) = \frac{-1}{2.3T_r}t \qquad (3-43)$$

将式 (3-43) 画在半对数纸上, 其结果为一条直线。此直线的斜率为 $1/(2.3T_r)$, 根据此斜率即可求出时间常数 T_r。由于 $T_r = \eta_r/E_r$, 则伯格斯模型中开尔文元件的 η_r 即可求出。

延迟时间 T_r 也可用作图法求出, 如图 3-27 所示。在蠕变曲线上开始蠕变的初始位置画曲线的切线, 该切线与蠕变曲线直线部分的延长线交点的横坐标即为延迟时间 T_r。蠕变曲线上任意一点的切线斜率为:

$$\frac{d\varepsilon_t}{dt} = \frac{\sigma_0}{E_r T_r} e^{-t/T_r} + \frac{\sigma_0}{\eta}$$

当 $t=0$ 时, 其切线斜率为:

$$\tan\theta = \frac{d\varepsilon_{(0)}}{dt} = \frac{(\sigma_0/E_r) + (\sigma_0 T_r/\eta)}{T_r}$$

图 3-29 为水果轴向压缩蠕变试验装置。图 3-30 表示一种苹果在用直径为 6.5mm 的圆柱模型加载, 其载荷为 93N 时的蠕变和复原曲线。根据这个曲线和以上所述程序, 即可求出苹果的各个黏弹性参数。蠕变实验除了提供物料的黏弹性数据外, 还能用来预测农产品如水果、蔬菜等在静载荷作用下的变形。

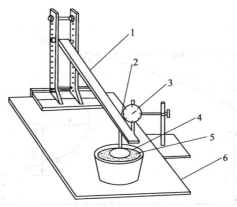

图 3-29　水果轴向压缩蠕变试验装置
1—横梁；2—加载模具；3—变形测量仪；4—水果；5—快凝石膏模；6—底座

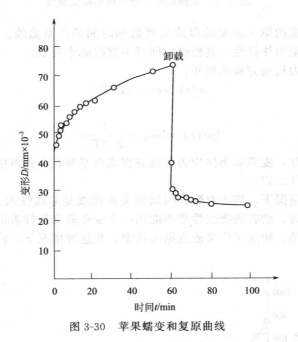

图 3-30　苹果蠕变和复原曲线

　　图 3-31 为方便面的拉伸和收缩蠕变曲线。由曲线可知，方便面可用伯格斯模型表示。运用上述的方法求出各元件的参数为 $E_0 = 1.5 \times 10^4\,\text{Pa}$，$E_r = 1.2 \times 10^5\,\text{Pa}$，$\eta_r = 7 \times 10^6\,\text{Pa} \cdot \text{s}$，$\eta_\phi = 4.9 \times 10^7\,\text{Pa} \cdot \text{s}$。

　　（3）农业物料的应力松弛试验　　在应力松弛试验中，物料突然使其变形（应变）到一定程度并保持不变，以测定应力和时间的函数关系。和蠕变试验一样，在做应力松弛试验时应变必须保持非常小，对于水果要小于 $1.5\% \sim 3\%$，对马铃薯甚至要小于 1.5%。用以表示应力松弛的流变学模型是麦克斯韦模型和广义麦克斯韦模型。相应的应力松弛方程式由式（3-17）和（3-29）给出。由于在载荷作用下物料的变形是保持不变的，所以一般假定在做应力松弛试验期间加载的接触面积是保持不变的，因此所记录的力和时间关系完全可以代表应力和时间的函数关系。从应力松弛试验中得到的最重要的黏弹性参数之一是应力松弛时间。如前所述，松弛时间是麦克斯韦体中应力衰减到初始应力的 $1/e$ 所需要的时间。

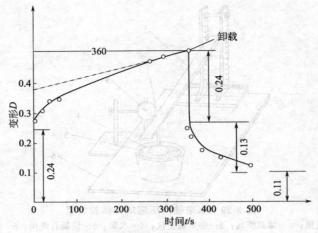
图 3-31 方便面的拉伸和收缩蠕变曲线

分析应力松弛数据的第一步是绘制应力对数和时间的关系曲线。如果得出的图线是直线，则物料具有麦克斯韦体特性，其松弛时间可由直线斜率确定。

由麦克斯韦体应力松弛方程式可知：

$$\sigma(t) = \sigma_0 e^{-t/T_s}$$

两边取对数得：

$$\lg\sigma(t) = \lg\sigma_0 - \frac{1}{2.3T_s}t \tag{3-44}$$

由式（3-44）可知，麦克斯韦体应力松弛方程式在半对数坐标系中是一条直线，其截距为 σ_0，直线斜率为 $1/(2.3T_s)$。

但是，在大多数情况下，应力对数和时间的关系曲线是非线性的。图 3-32 为小麦面团的应力松弛曲线。这时，物料的流变性质不能用一个麦克斯韦元件表示。需把一系列麦克斯韦元件以并联方式联结，构成了广义麦克斯韦模型。在这种情况下，将出现一个应力松弛时间谱。

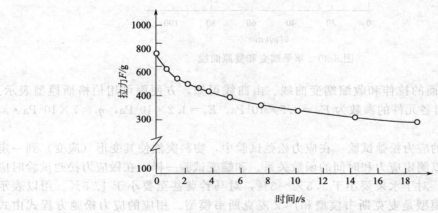
图 3-32 小麦面团的应力松弛曲线

广义麦克斯韦模型的应力松弛时间可以利用逐次余数法确定。图 3-33 表示用逐次余数法确定小麦面团应力松弛数据的方法。在用逐次余数法确定应力松弛数据时，首先要画应力对数和时间的关系曲线。在较长时间后，由这条原始曲线的直线部分的斜率求出第一指数项

的最长松弛时间 T_s，见图 3-33。将这条直线延长到纵坐标上，所得截距即为第一指数项系数。接着，把这条直线和原始曲线之间的纵坐标的差值画在同一张半对数纸上，得出第一余数项曲线。然后，把第一余数项曲线的直线部分延长到纵坐标上并截取纵坐标，则第二指数项再次利用截距和斜率求出。从第一余数项的纵坐标减去相应的第二指数项的纵坐标，得出第二余数项曲线，并由第二余数项曲线推导出第三指数项。以此类推，直到这条原始曲线用足够数量的指数项表示为止。

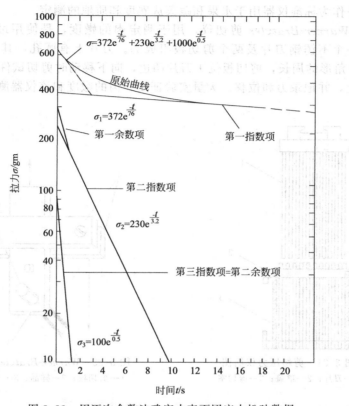

图 3-33　用逐次余数法确定小麦面团应力松弛数据

五、农业物料的模拟试验

质地、外观和味道是涉及食品质量的三个主要组成部分。质地主要是指消费者在嘴中咀嚼时食品以及其他感官感觉的综合评定，如硬度、柔软度、结实度、成熟度、韧度、胶粘性、多汁性、沙性、油性、弹性、酥性等。据估计，描述食品的质量术语有 350 多种，而其中大约 25% 是与质地有关的。

目前，评定食品质地的方法主要有主观评价和客观评价两种。主观评价是由食品质地品评小组的感觉印象，对食品质量作出主观判断；客观评价是利用仪器测定一定的物理量用以表示质地。用仪器对质地评价主要有基本流变特性试验和模拟试验两种。基本流变特性试验是测定其应力、应变和时间的关系，并将其流变特性和某种质地之间的相关性进行分析，从而作为评定食品质地等级的指标，这在前面已作了详细论述。模拟试验室设计一种或多种机械试验，模拟人嘴的咀嚼作用或人手的触觉，作为评价食品质地的工具以代替人的感官评价。因此，在模拟试验中研究一种精确测定食品质地的方法是极为重要的。已设计并推广了许多仪器用于测定食品的质地，如剪切压力仪、凝胶仪、压缩仪、柔软度仪、嫩度仪、纤维度仪、成熟度仪等。

图 3-34 是剪切压力仪简图。压力仪的标准试验盒是由金属制成的，其内边尺寸为 $66mm \times 73mm \times 64mm$，一组 10 把刀片固定在压力仪的传动端上，每把刀片厚度为 $3mm$，宽度为 $42mm$，间隔为 $3mm$。食品放在盒内，刀片通过盒盖上的缝隙进入盒内，首先压缩食品，最后通过盒底的缝隙。该压力仪可装在万能材料试验机上，试验期间连续地记录所测定的力。剪切压力仪最初用于新鲜蔬菜的质量评价，之后又用于测定牛排嫩度等。现在，剪切压力仪已几乎作为标准仪器用于水果和蔬菜成熟度和质地的测定。

图 3-35 是 *Warner-Bratzler* 剪切仪，用于测定肉的嫩度，是使用最广泛的一种仪器。试验装置是由一个不锈钢刀片及两个剪切板组成的。刀片上有圆孔，其周长相当于边长为 $25mm$ 的等边三角形的周长，剪切板位于刀片两边，向下移动时剪切试件。试验装置可固定到万能试验机上，并记录力和位移。大量实验证明，肉的嫩度和该仪器测定值之间有良好的相关性。

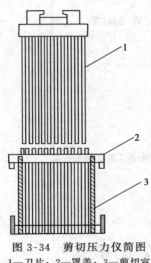

图 3-34　剪切压力仪简图
1—刀片；2—罩盖；3—剪切室

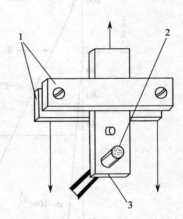

图 3-35　*Warner-Bratzler* 剪切仪
1—剪切板；2—样品；3—不锈钢刀

图 3-36 是结实度测定仪简图。该装置首先在物料上施加预应力，加上载荷后测定在给定时间内物料的变形。右边配重是给样品施加预应力，以保证样品和测试装置间有良好的接触。左边配重使样品在给定时间内变形。在给定时间后使其制动，停止在样品上施加变形力。力是通过滚子链、平表面和玻璃纤维带作用到物料上，如苹果、洋葱、番茄等。施加到物料上的力沿物体四周是均匀的。它模拟用于握水果和蔬菜测定结实度的方法。

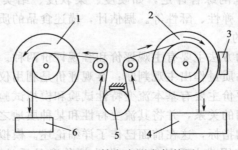

图 3-36　结实度测定仪简图
1—结实度标度盘；2—直径标度盘；3—制动器；4—预应力配重；5—水果；6—试验配重

图 3-37 是 *Magness-Taylor* 压力测试仪。该仪器可用于田间测定水果和蔬菜的成熟度。它是测定一定形状的测头刺入水果或蔬菜表面到给定深度所需要的力。实验结果表明，用单一仪器的测定不能完全反映物料质地的主观评价，食品的质地往往要用几种测定的综合评价。随着通用质地仪（*general foods texturometer*）的开发使用，使食品质地的评价取得了很大进展。通用食品质地仪是模拟了人嘴的咀嚼作用。它是由挠性臂支承的平台。挠性臂连接到应变仪和一个柱塞测头，测头作用到食品样品上并且压入物体中的一个标准距离（通常为 35mm）。应变仪测定所加之力并由带式记录仪记录。通用食品质地仪测定结果得到力和时间关系曲线，我们把该曲线称作质地图形（*texture profile curve*）。将该曲线和一些特定术语相结合，即为通常所说的质地图形分析技术，该方法能比较客观地评价食品质地。

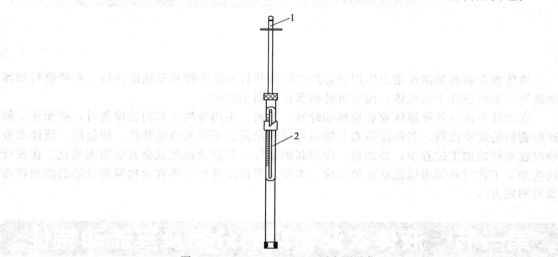

图 3-37　*Magness-Taylor* 压力测试仪
1—测头；2—弹簧刻度标尺

第四章　液体农业物料的流动特性

液体农业物料是指在重力作用下会产生流动并且不能保持其形状的物料。有些物料如冰激凌等在某些条件下是液体，而在另外的条件下则是固体。

在设计和选择各种液体农业物料如蜂蜜、果酱、牛奶等加工和输送设备时，必须先了解这些物料的流动性质。各种液体农业物料可呈现出截然不同的流动特性。即使同一液体农业物料在不同的加工过程中，如加热、冷却和浓缩等，其流动特性也会发生很大变化。在设计这些加工工艺时必须考虑流动性的变化。本章主要讨论各种液体农业物料和食品的流动特性及其测定方法。

第一节　液体农业物料的分类及其流动特性

液体的流动特性可用流动曲线表示。流动曲线是表示液体所受剪切应力 τ 和剪切速率 $\dot{\gamma}$ 之间的函数关系。通常以纵坐标表示剪切应力 τ，横坐标表示剪切速率 $\dot{\gamma}$ 所绘制成的关系曲线。

根据流动性质不同，液体可以分为牛顿流体和非牛顿流体两类。当剪切应力与剪切速率之间存在线性关系时称为牛顿流体；反之，当剪切应力和剪切速率之间不存在线性关系时称为非牛顿流体。非牛顿流体又可分为两大类，一类为在给定温度和剪切速率时，物料的剪切应力为常数，即不随时间而变化（与时间无关）；另一类为在给定温度和剪切速率时，物料的剪切应力不是常数，而是随时间的变化而变化（与时间有关）。非牛顿流体的详细分类如图 4-1 所示。

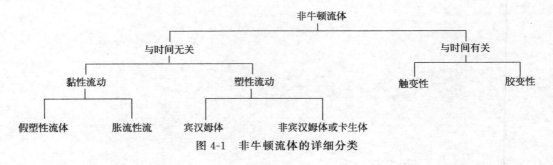

图 4-1　非牛顿流体的详细分类

当液体的流动曲线通过坐标原点时，我们称这类液体的流动为黏性流动。当黏流动的液体受到剪切应力时，就会立即产生流动。当液体的流动曲线不通过坐标原点时，我们称这类液体的流动为塑性流动。塑性流动的液体只有当它所受剪切应力超过液体的曲服应力 τ_y 时，液体才会产生流动。现将各类液体的流动性质简述如下。

一、牛顿流体及其黏度

当液体的流动曲线为通过坐标原点的一条直线时，我们把具有这种流动性质的液体称为牛顿流体。如前所述，它服从牛顿黏性定律并可用下式表示剪切应力 τ 和剪切速率 $\dot{\gamma}$ 的关系。

$$\tau = \eta \dot{\gamma} \tag{4-1}$$

式中，η 为黏度或黏性系数，是流动曲线的斜率。对于这类流体，只要测定其任意剪切速率 $\dot{\gamma}$ 和相应的剪切应力 τ，并取其比即可求得黏度。液体的黏度越高，其流动曲线与横坐标之间的夹角越大。

黏度表示液体黏性的大小，液体黏度越大，其流动所需的力越大，流动时产生的摩擦力也越大，停止流动也越快。黏度单位为 Pa•s，它是指液体内每米距离有 1m/s 速度差的速度梯度时，在垂直于该速度方向的面上，沿速度方向每 1m² 面积产生 1N 的应力时的黏度。"泊"是可以暂时与国际单位制并用的单位，它的国际符号是 P，换算关系为：

$$1P = 0.1 Pa \cdot s$$
$$1P = 100 cp$$

黏度大小与温度和压力有关，而与流动条件无关。所有气体都是牛顿流体。实验发现，纯液体及简单的溶液大多是牛顿流体。图 4-2 为蜂蜜的流动曲线图。由图可见，蜂蜜的流动曲线为通过坐标原点的直线，是典型的牛顿流体。表 4-1 列出了一些牛顿流体的黏度。

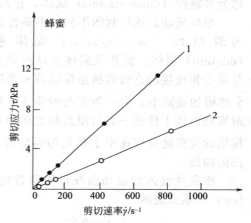

图 4-2 蜂蜜的流动曲线
1—蜂蜜，一级品；2—蜂蜜，二级品

表 4-1　一些牛顿流体的黏度（20℃时，标准大气压）

液体	粘度/Pa•s	流体	黏度/Pa•s
二氧化碳	1.48×10^{-5}	蔗糖(20%干物质)	20×10^{-2}
水	1.002×10^{-2}	蔗糖(40%干物质)	6.2×10^{-2}
四氯化碳	0.969×10^{-3}	蔗糖(60%干物质)	58.9×10^{-2}
甲苯	6.9×10^{-4}	蜂蜜	3000×10^{-3}
橄榄油	81×10^{-3}	牛奶	2×10^{-3}
蓖麻油	986×10^{-3}	酒精(100%)	1.20×10^{-3}
甘油(100%)	1490×10^{-3}	水银	1.55×10^{-3}
花生油	1×10^{-2}	汽油	0.8×10^{-3}

由表 4-1 可知，气体的黏度是最小的。简单的液体，如水、稀溶液和有机溶剂是一些低黏度的液体。当溶液中固体浓度增加时黏度也增大。因此，在一些物料处理操作如浓缩加工中，物料的黏度将增大。固体含量越高，黏度变化越显著。牛奶的化学成分不同，其黏度也

会产生很大差异。植物油的黏度要比水大得多，大部分食用油（植物油）都是牛顿液体。

通常，液体的黏度会随时间而变化。在黏度测定中要注意尽量保持温度恒定，而且必须准确地求得测定黏度时的温度，其温度变化应控制在±0.1℃范围内。液体的黏度随温度升高而降低，并可用以下经验公式表示。

$$\eta = A e^{-B/T} \tag{4-2}$$

式中，T 为绝对温度；A、B 分别为液体的常数。一般而言，温度每改变 1℃，黏度约改变 2%，而有些物质的黏度变化较大，如当温度从 20℃变为 21℃时，蓖麻油和沥青的黏度变化分别为 8% 和 30%。甘油在 25℃时黏度为 0.95Pa·s，而在 20℃时为 1.49Pa·s。气体的黏度则随温度的升高而增大。

二、准黏性流体和表观黏度

如果液体的剪切应力 τ 和剪切速率 $\dot{\gamma}$ 的关系是通过坐标原点的一条曲线，则这种液体称为准黏性（quasi-viscous）流体，它们的流动曲线如图 4-3 所示。

根据流动曲线形状的不同，准黏性流体又可分为假塑性（pseudoplastic）流体和胀流性（dilatant）流体。假塑性流体流动曲线上任意一点与原点相连接的直线和横坐标轴的夹角随剪切速率 $\dot{\gamma}$ 的增加而减小，为一条上凸的曲线。胀流性流体的流动曲线上任意一点与原点相连接的直线和横坐标轴的夹角随剪切速率 $\dot{\gamma}$ 的增加而增加，是一条下凹的曲线。

准黏性流体的流动曲线可用指数定律（power law）关系式表示。

$$\tau = K \dot{\gamma}^n \tag{4-3}$$

式中，K 为稠度指数（consistency index）；n 为流动特性指数（flow behavior index）。K 和 n 的值均由实验确定。稠度指数不仅因此与黏度不同，而且

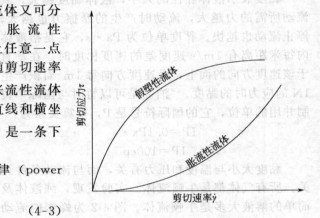

图 4-3　准黏性流体的流动曲线

也不是流体流动的真正黏度。流动特性指数是表示流体非牛顿流体的程度。当 $n<1$ 时为假塑性流体，$n=1$ 时为牛顿流体，$n>1$ 时为胀流性流体。

假塑性流体是一种经常遇到的非牛顿流体。蛋黄酱、血液、某些蜂蜜、番茄酱、果酱及其他高分子物质溶液都是假塑性流体。一般而言，高分子溶液浓度越高或高分子物质分子越大，则假塑性越显著。浓淀粉溶液、某些蜂蜜等为胀流性流体。表 4-2 为一些物料的黏稠度指数 K 和流动特性指数 n 的值。

表 4-2　一些物料的 K 值和 n 值

物　料	温度/℃	$K/(\mathrm{Ns}^n/\mathrm{m}^2)$	n
乳蛋糕	80	7.24	0.36
肉汁	80	2.88	0.39
番茄汁(12.8%干物质)	32	2.0	0.42
番茄汁(25%干物质)	32	12.9	0.40
番茄汁(30%干物质)	32	18.7	0.40

物 料	温度/℃	$K/(\mathrm{N s^n/m^2})$	n
桃 酱	38.3	28	0.35
桃 酱	43.3	21	0.33
杏 酱	47.8	26.8	0.37
杏 酱	76	5.36	0.35

由于牛顿流体的流动曲线是通过坐标原点的直线，因此在一剪切速率 $\dot{\gamma}$ 下求得的 $\tau/\dot{\gamma}$（黏度值 η）均为恒定值。如前所述，牛顿流体可通过求任意剪切速率 $\dot{\gamma}$ 下的剪切应力 τ 而求黏度。反之，若已知黏度 η 值，则可知该直线与横坐标轴的夹角 θ（$\tan\theta=\eta$），因此该流体的流动性就得到了充分说明。

对于非牛顿流体，剪切应力 τ 和剪切速率 $\dot{\gamma}$ 之比 $\tau/\dot{\gamma}$ 随剪切速率（或剪切应力）的变化而变化。虽然可以通过测定对应某一剪切速率下的剪切应力而求此比值，但此值与牛顿流体黏度意义不同。如图 4-4 所示，测定对应于 $\dot{\gamma}_1$，$\dot{\gamma}_2$，…等剪切速率下的剪切应力 τ_1，τ_2，…，用与牛顿流体相同的方法求黏度，则有：

$$\frac{\tau_1}{\dot{\gamma}_1}=\tan\theta_1=\eta_1$$

$$\frac{\tau_2}{\dot{\gamma}_2}=\tan\theta_2=\eta_2$$

这些 η 值不一致，若改变剪切速率则可得到无数个不同值。把这种在非牛顿流体状态下得到的 η_1，η_2，…称作剪切速率 $\dot{\gamma}_1$，$\dot{\gamma}_2$，…（或剪切应力 τ_1，τ_2，…）下的表观黏度（apparent viscosity）记作 η_a。

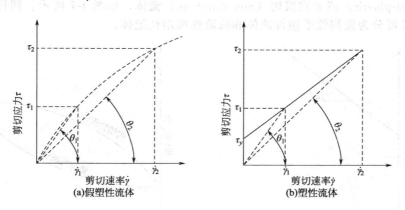

图 4-4　非牛顿流体的表观黏度

图 4-5 表示三种不同流体在不同剪切速率下的流动曲线和表观黏度。由图可见，在较低剪切速率下测定表观黏度时假塑性流体表观黏度较大，而在较高剪切速率下测定表观黏度时胀流性流体表观黏度较大。因此，在测定非牛顿流体时，虽然可测定剪切速率 $\dot{\gamma}$ 下的剪切应力 τ 而求 $\tau/\dot{\gamma}$，但这不过是求得某一剪切速率下的表观黏度 η_a，而且只用这个值不能判别其他剪切速率下的流动性。因此，对于这样的流体必须在一个较大范围测定表观黏度才能确定其流动性质。

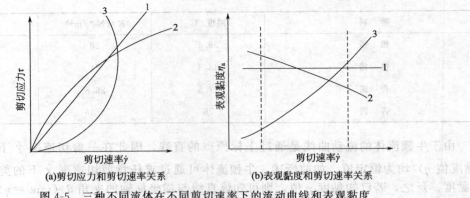

(a)剪切应力和剪切速率关系   (b)表观黏度和剪切速率关系

图 4-5　三种不同流体在不同剪切速率下的流动曲线和表观黏度

1—牛顿流体；2—假塑性流体；3—胀流性流体

三、塑性流体和准塑性流体

如前所述，塑性流动的流体只有当受到的剪切应力超过流体的屈服应力 τ_y 时，流体才会产生流动，因此，其流动曲线不通过坐标原点。如果流体开始流动后，其剪切应力 τ 和剪切速率 $\dot{\gamma}$ 为直线关系时，我们把这种流体称为塑性流体或宾汉姆（Bingham）流体，如图 4-6 所示。干酪和巧克力酱即具备上述性质。

塑性流体的流动曲线可用宾汉姆关系式表示。

$$\tau = \tau_y + \eta'\dot{\gamma} \tag{4-4}$$

式中，η' 称作塑性黏度（plastic viscosity）；τ_y 为屈服应力。

如果流体开始流动后，剪切应力 τ 和剪切速率 $\dot{\gamma}$ 的关系是一条曲线时，这种流体称为准塑性（quasi-plastic）或非宾汉姆（non-Bingham）流体，如图 4-7 所示。同样，根据曲线形状的不同又可分为假塑性准塑性流体和胀流性准塑性流体。

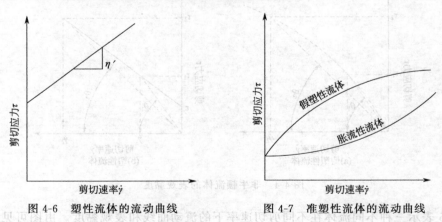

图 4-6　塑性流体的流动曲线　　　　图 4-7　准塑性流体的流动曲线

准塑性流体的流动曲线可用 Hererschel-Bulkley 方程式表示。

$$\tau = \tau_y + K_H \dot{\gamma}^{n_H} \tag{4-5}$$

式中，τ_y 是屈服应力；K_H 为稠度指数；n_H 为黏度特性指数。食品中苹果酱、番茄泥、奶油等均具有这种流动性质。图 4-8 为奶油的流动曲线。图 4-9 为苹果酱和番茄泥的流动曲线，它也是一种假塑性准塑性流体，有时可用卡生（Casson）公式描述其流动曲线。凡符合卡生公式的流体称卡生体，且有如下的关系式。

$$\tau^{0.5} = K_{oc} + K_c \dot{\gamma}^{0.5} \qquad (4\text{-}6)$$

式中，$K_c^2 = \eta_{CA}$，$K_{oc}^2 = \tau_{CA}$，则 η_{CA} 称作卡生塑性黏度，τ_{CA} 称作卡生屈服应力。

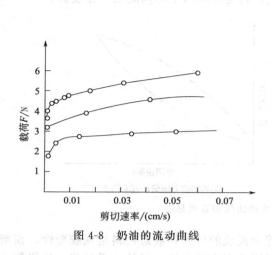

图 4-8　奶油的流动曲线　　　　图 4-9　苹果酱和番茄泥的流动曲线

四、触变性流体和胶变性流体

如前所述，有些流体在搅拌过程中其表观黏度逐渐变小。例如，给某流体施加一定的剪切速率，测定对应于该剪切速率下的剪切应力而求黏度时，这种流体的剪切应力逐渐变小而很难得到一确定值，如图 4-10（a）所示。在时间为零时剪切应力最大，随时间推移而逐渐减小，并稳定在某一定值。剪切速率越大（搅拌越激烈），剪切应力变化越大。一旦在某个时间停止搅拌，剪切应力就又回到搅拌开始时的初始值。流体的这种性质称作触变性，表现出这种性质的流体称作触变性流体（thixotropic fluid）。

图 4-10（b）给出了触变性流体的流动曲线。图中两条曲线分别表示剪切速率 $\dot{\gamma}$ 从零逐渐增大再从最大值逐渐减小的过程中剪切应力的变化。

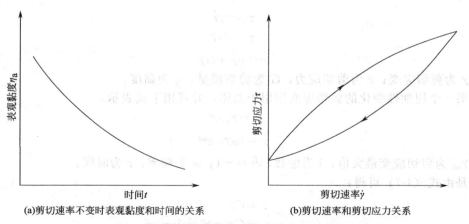

(a)剪切速率不变时表观黏度和时间的关系　　(b)剪切速率和剪切应力关系

图 4-10　触变性流体的流动曲线和表观黏度

如前所述，有些流体在搅拌过程中其表观黏度逐渐增大，如图 4-11（a）所示。这种流体在时间为零时剪切应力最小，随时间推移而逐渐增大，并稳定在某一定值。同样，一旦在某一时刻停止搅拌，剪切应力又回到搅拌的初始值。流体的这种性质称作胶变性，具有这种性质的流体称为胶变性流体（rheopectic fluid）。它的流动曲线如图 4-11（b）所示，由图可见，剪切速率增加和减小的不同阶段所得曲线不同，形成了一个滞后环。因此，即使在同一剪切速率下，由于剪切应力读数测取的时间不同，将会存在两个不同的表观黏度值。

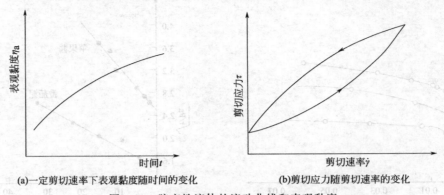

(a)一定剪切速率下表观黏度随时间的变化　　　　(b)剪切应力随剪切速率的变化

图 4-11　胶变性流体的流动曲线和表观黏度

　　在农业物料学中，如磨碎玉米粉与少量水拌和而成的较黏稠液态饲料呈现胶变性，而磨碎玉米粉和中等水分搅拌而成的较稀形态的饲料则呈现出触变性。另外，番茄酱、牛奶等也显示出触变性。

五、黏弹性流体

　　一些液体或半固体的农作物料在高速变化的应力或应变作用下会显现出黏弹性。当外力变化周期为 10^{-13} s 时即显示出弹性。例如，蓖麻油在 10^{-5} s 时即显示出弹性，更大分子的液体为 $10^{-4} \sim 1$ s 即显示出弹性。因此，要了解黏弹性流体的流动性时除了测定黏度外，还需测定其弹性模量。

　　若流体为黏弹性体，则使黏弹性体发生剪切应变 γ 时的剪切应力 τ 可由产生黏性流动的剪切应力 τ_1 和产生弹性应变的剪切应力 τ_2 之和表示。

　　因为

$$\tau = \tau_1 + \tau_2$$
$$\tau_1 = \eta \dot{\gamma}$$
$$\tau_2 = G\gamma$$

因此
$$\tau = \eta \dot{\gamma} + G\gamma \tag{4-7}$$

式中，γ 为剪切应变；τ 为剪切应力；G 为剪切模量；η 为黏度。

　　如果一个周期性变化的剪切应变作用于液体，并可用下式表示。

$$\gamma = \gamma_m e^{i\omega t}$$
$$\dot{\gamma} = i\omega \gamma_m e^{i\omega t}$$

式中，γ_m 为剪切应变最大值；i 为虚数，$\sqrt{i} = -1$；ω 为频率；t 为时间。

　　于是由式（4-7）可得：

$$\tau = G\gamma + \eta \dot{\gamma}$$
$$= G\gamma_m e^{i\omega t} + i\omega \eta e^{i\omega t}$$
$$= (G + i\omega\eta)\gamma$$
$$= G(\omega)\gamma \tag{4-8}$$

或

$$\tau = G\gamma + \eta\dot{\gamma}$$
$$= (\eta - i\frac{G}{\omega})i\omega\gamma_m e^{i\omega t}$$
$$= (\eta - i\frac{G}{\omega})\dot{\gamma}$$
$$= \eta(\omega)\gamma \qquad (4-9)$$

由式（4-8）和式（4-9）可知：

$$G(\omega) = G + i\omega\eta \qquad (4-10)$$

$$\eta(\omega) = \eta - i\frac{G}{\omega} \qquad (4-11)$$

因此
$$G\ (\omega)\ = i\omega\eta\ (\omega) \qquad (4-12)$$

式中，$G(\omega)$ 为复数剪切模量；$\eta(\omega)$ 为复数黏度。

我们把黏弹性体的复数剪切模量 $G(\omega)$ 的实部或复数黏度 $\eta(\omega)$ 的虚部乘以 ω 所得的剪切模量 G 值称为动态剪切模量。把复数黏度 $\eta(\omega)$ 的实部或复数剪切模量 $G(\omega)$ 的虚部被 ω 除所得的黏度 η 称作动态黏度。

对流体施加不同频率的周期性剪切应变，测定对应于各个频率时的动态剪切模量和动态黏度，可得图 4-12 所示的曲线。由图可知，随着频率的增加，黏弹性体的动态剪切模量增大，动态黏度下降。对于牛顿流体而言，动态黏度不随频率变化而改变，动态剪切模量值为零。

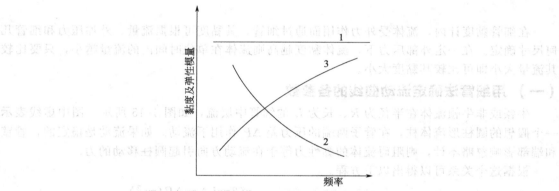

图 4-12　黏弹性流体的动态黏度和动态剪切模量
1—牛顿流体的动态黏度；2—黏弹性体的动态黏度；3—黏弹性体的动态剪切模量

第二节　液体农业物料流动性质测定

为了进行质量控制、了解物料的结构以及加工工艺方案的确定，在液体农业物料加工中往往需要测定所加工物料的流动特性。液体农业物料流动性质的测定方法很多，本节主要介绍细管法、旋转法和振动法的测定原理及方法。

一、细管法流动特性测定原理

细管法广泛用于各种流体黏度的测定，其测量范围可从 $10^{-4}\,Pa \cdot s$ 的低黏度到 $10^5\,Pa \cdot$ s 的高黏度。测定原理虽同属细管法，但根据所测范围、测定目的和测定条件的不同，所用黏度计的结构差异较大。如测定低黏度液体物料可用如图 4-13 所示的 U 形玻璃毛细管黏度计。而对于高黏度或牛顿流体可采用图 4-14 所示的加压型细管黏度计进行测定。这种黏度计是在毛细管黏度计上施加一定的外部压力，当用于牛顿流体的黏度测定时，通过改变外部压力，只用一支黏度计就可以对较大范围的黏度进行测定。因此，经常用它测定牛顿流体和非牛顿流体的流动曲线。

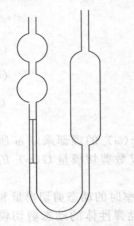

图 4-13 玻璃毛细管黏度计

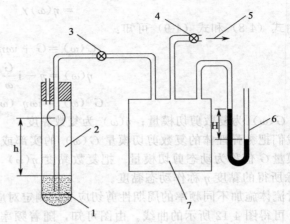

图 4-14 加压型细管黏度计
1—试料；2—储试料试管；3—阀门 1；
4—阀门 2；5—接真空泵；6—压力计；7—气箱

在细管黏度计内，流体受外力作用而通过细管，其黏度可根据流量、外加压力和细管几何尺寸确定。在一定外部压力下，流体黏度越高则流体在单位时间内的流量越小，只要比较其流量大小即可比较其黏度大小。

（一）用细管法确定流动曲线的各参数

牛顿或非牛顿流体在半径为 R、长为 L 的细管中层流，如图 4-15 所示。图中虚线表示一个假想的圆柱形流体柱，在管子两端的压力差 ΔP 作用下流动。如果流动是稳定的，管壁和端部影响忽略不计，则阻碍流体的黏性力等于在流动方向引起圆柱移动的力。

根据这个关系可以得出以下方程。

$$\tau(2\pi rL) = \Delta P(\pi r^2)$$

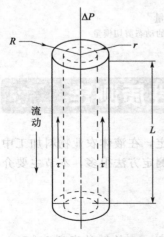

图 4-15 流体在细管中层流时力的平衡

或

$$\tau = \frac{\Delta P}{2L} r \qquad (4\text{-}13)$$

式中，τ 为离管子中心线半径为 r 处流体所受的剪切应力；r 为离管子中心线距离；ΔP 为外加压力。

由式（4-13）可知，剪切应力 τ 和距离 r 成正比。在管壁（$r=R$）处，剪切应力 τ_W 最大，其值为：

$$\tau_W = \frac{\Delta PR}{2L} \qquad (4\text{-}14)$$

在细管中心线（$r=0$）处剪切应力 τ_0 为零。

如果流体的流动曲线类型是已知的，则需要黏度计测定流动曲线的各流动参数，才能充分说明流体的流动性。

假设离细管中心线距离为 r 的圆柱筒表面上的流体流速为 v，在 $r+dr$ 处圆柱面上的流速减小了 dv，则在此圆柱筒面上

的速度梯度 $\dot{\gamma} = -\dfrac{\mathrm{d}v}{\mathrm{d}r}$，其中负号是由于当 r 增大到 R 时，流体流速从 v 减小到零。如果考虑包括非牛顿流体在内的一般情况，则剪切速率 $\dot{\gamma}$ 应为剪切应力 τ 的函数，则

$$\dot{\gamma} = -\frac{\mathrm{d}v}{\mathrm{d}r} = f(\tau) \tag{4-15}$$

而从式（4-13）可得：

$$\mathrm{d}r = \frac{2L}{\Delta P}\mathrm{d}\tau$$

若把上式代入到式（4-15）中，则得流体在管内的速度分布为：

$$\mathrm{d}v = -\frac{2L}{\Delta P}f(\tau)\mathrm{d}\tau \tag{4-16}$$

两边积分得：

$$v(r) = \frac{2L}{\Delta P}\int_{\tau}^{\tau_W} f(\tau)\mathrm{d}\tau \tag{4-17}$$

如果已知细管内流体流速分布，对细管断面进行积分，可求得体积流量为：

$$q = \int_R^0 \pi r^2 \mathrm{d}v$$

将式（4-13）和式（4-16）代入上式，经整理后可得：

$$q = \frac{\pi R^3}{\tau_W^3}\int_0^{\tau_W} \tau^2 f(\tau)\mathrm{d}\tau \tag{4-18}$$

对于牛顿流体，由式（4-1）的关系可得：

$$f(\tau) = \dot{\gamma} = \frac{\tau}{\eta} \tag{4-19}$$

将此式代入式（4-17）中，经整理最后可得牛顿流体在试管中流动时的速度分布为：

$$v(r) = \frac{\Delta P}{4L\eta}(R^2 - r^2) \tag{4-20}$$

由式（4-20）可知，牛顿流体在细管中流动时，它的速度分布轮廓为抛物线，如图 4-16 (c) 所示。其最大流速位于管子中心处。

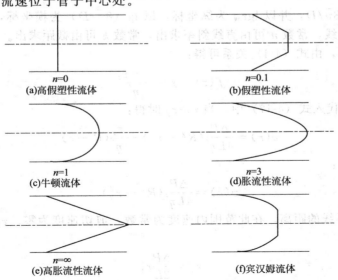

图 4-16 各类流体在管内层流时的速度分布

将式 (4-19) 代入式 (4-18) 中，求得牛顿流体在细管中的体积流量为：

$$q = \frac{\pi R^4 \Delta P}{8L\eta} \tag{4-21}$$

或

$$\tau_{\mathrm{w}} = \eta \frac{8\bar{v}}{D} \tag{4-22}$$

式中，τ_{w} 为管壁处剪切应力；$\bar{v}$ 为流体在管中平均流速，$\bar{v} = q/\pi R^2$；D 为管子直径。

式 (4-21) 称作哈根-泊肃叶公式。求牛顿流体黏度时，只要在不同压力 ΔP 作用下，求得相应流量 q，并以 $\tau_{\mathrm{w}} = \frac{\Delta P R}{2L}$ 为纵坐标，$\frac{8\bar{v}}{D} = \frac{4q}{\pi R^3}$ 为横坐标，则所得测定点连线应为通过坐标原点的一条直线，直线斜率即为黏度 η。

对于准黏性流体，由式 (4-3) 关系得：

$$f(\tau) = \dot{\gamma} = \left(\frac{\tau}{K}\right)^{\frac{1}{n}} \tag{4-23}$$

将式 (4-23) 代入式 (4-17) 中，求得速度分布为：

$$v(r) = \left(\frac{n}{n+1}\right)\left(\frac{\Delta P}{2kL}\right)^{\frac{1}{n}}\left(R^{\frac{n+1}{n}} - r^{\frac{n+1}{n}}\right) \tag{4-24}$$

准黏性流体在细管中流动时，流速分布轮廓线如图 4-16 所示。

将式 (4-23) 代入式 (4-18) 中，得流体的体积流量 q 为：

$$q = \left(\frac{\pi n}{3n+1}\right)\left(\frac{\Delta P}{2kL}\right)^{\frac{1}{n}} R^{\frac{3n+1}{n}} \tag{4-25}$$

为了求出常数 k 和 n，将式 (4-25) 经整理后两边取对数可得：

$$\lg\tau_{\mathrm{w}} = \lg k' + n\lg\left(\frac{8\bar{v}}{D}\right) \tag{4-26}$$

式中，$k' = k\left(\frac{3n+1}{4n}\right)$

式 (4-26) 为斜率-截距式直线方程式。只要在不同压力 ΔP 作用下，测定流量 q 并计算出相应的 τ_{w} 和 $8\bar{v}/D$，并以 $\lg\tau_{\mathrm{w}}$ 为纵坐标，以 $\lg(8\bar{v}/D)$ 为横坐标，则所得实验数据的连线应为一条直线，常数 n 可由直线斜率求出，常数 k 可由截距求出。

对于塑性流体，由式 (4-4) 关系可得：

$$f(\tau) = \gamma = \frac{\tau - \tau_y}{\eta'} \tag{4-27}$$

将式 (4-27) 代入式 (4-17) 中，当 $\tau > \tau_y$ 时得：

$$v(r) = \frac{\Delta P}{4L\eta'}(R^2 - r^2) - \frac{\tau_y}{\eta'}(R - r) \tag{4-28}$$

当 $\tau \leqslant \tau_y$ 时得：

$$v(r) = \frac{\Delta P}{4L\eta'}(R^2 - r_y^2) \tag{4-29}$$

式中，r_y 是离中心线的距离，在此范围内速度为常数，剪切速度为零。τ_y 为屈服应力，其值为：

$$\tau_y = \frac{\Delta P}{2L}r_y$$

它的速度分布轮廓线如图 4-16 (f) 所示。在距离 r_y 以外，其速度轮廓为牛顿流体所给出的抛物线形式。在半径为 r_y 以内部分，因剪切应力比屈服应力小，剪切速度为零，流体之间无相对流动。圆管中心部分流体，如固体圆柱形塞子那样移动，故称塞流（plug flow）。

将式（4-27）代入式（4-18）中，当 $\tau_w > \tau_y$ 时流体的体积流量 q 为：

$$q = \frac{\pi \Delta P R^4}{8L\eta'}\left[1 - \frac{4}{3}\left(\frac{\tau_y}{\tau_w}\right) + \frac{1}{3}\left(\frac{\tau_y}{\tau_w}\right)^4\right] \tag{4-30}$$

式（4-30）称作白金汉-赖纳公式。当 $\tau_w \leqslant \tau_y$ 时流量 $q = 0$。

当管壁处剪切应力 τ_w 远远大于屈服应力 τ_y 时，式（4-30）中 $(\tau_y/\tau_w)^4$ 项可忽略不计，并用 τ_w 替代 $\Delta PR/2L$ 项，将式（4-30）展开得细管中塑性流动方程式为：

$$\tau_w = \left(\frac{4}{3}\right)\tau_y + \eta'\left(\frac{8\bar{v}}{D}\right) \tag{4-31}$$

如果在较大的范围内分别求得各个压力 ΔP 值时的流量为 q，计算出 τ_w 和 $8\bar{v}/D$，并以 τ_w 为纵坐标，$8\bar{v}/D$ 为横坐标，则所得数据的连线应为一条直线，其直线的斜率为塑性黏度 η'，截距为 $4\tau_y/3$。

（二）用细管法测定流体的流动曲线

如果已知流体的流动曲线及表示流动特性的方程式，即可用式（4-22）、式（4-26）和式（4-31）导出流体体积流量和压力差关系。因此，只要给细管施加不同的压力差，测定与其对应的流量 q，把测定值代入上述各关系式中即可求出表示流体流动的常数，从而判明了流体的流动曲线。

但在大多数情况下流动曲线的类型是未知的，因此需要用黏度计测定流体的流动曲线。如前所述，任何流体在细管中流动的体积流量可用式（4-18）表示，并可改写成：

$$\frac{8\bar{v}}{D} = \frac{4}{\tau_w^3}\int_0^{\tau_w} \tau^2 f(\tau)\,\mathrm{d}\tau$$

将该式对 τ_w 微分得：

$$\frac{\mathrm{d}\left(\frac{8\bar{v}}{D}\right)}{\mathrm{d}\tau_w} = -\frac{3}{\tau_w}\left(\frac{8\bar{v}}{D}\right) + \frac{4}{\tau_w}f(\tau_w)$$

所以

$$\dot{\gamma}_w = f(\tau_w) = \frac{3}{4}\left(\frac{8\bar{v}}{D}\right) + \frac{\tau_w}{4}\cdot\frac{\mathrm{d}(8\bar{v}/D)}{\mathrm{d}\tau_w}$$

$$= \frac{8\bar{v}}{D}\left(\frac{3}{4} + \frac{1}{4}\frac{\mathrm{d}\ln(8\bar{v}/D)}{\mathrm{d}\ln\tau_w}\right) \tag{4-32}$$

式中，$\mathrm{d}\ln(8\bar{v}/D)/\mathrm{d}\ln\tau_w$ 称作校正系数，对于牛顿流体比值为 1；$\dot{\gamma}_w = (8\bar{v}/D)$，对于符合指数定律的准塑性流体，此值为 $1/n$。

为了确定流体的流动性质，必须进行一系列实验，施加不同压力差 ΔP，测出相对应的流量 q，并计算出每次实验时的 τ_w 和 $8\bar{v}/D$，在双对数坐标纸上画出 $8\bar{v}/D$ 和 τ_w 的关系，确定其斜率 $\mathrm{d}\ln(8\bar{v}/D)/\mathrm{d}\ln\tau_w$。然后利用式（4-32）计算出管壁的剪切速率 $\dot{\gamma}_w$。再在双对数坐标纸上画出 τ_w 和 $\dot{\gamma}_w$ 的关系曲线，从而可以判断出液体的流动性质。如果液体没有屈服应力，则在双对数坐标纸上 τ_w 和 $\dot{\gamma}_w$ 关系曲线为一条直线，直线斜率为 n，截距为 k。如果液体有屈服应力，则可在较高的 $\dot{\gamma}_w$ 时求出常数 η'、K_H 和 n_H，而在较低 $\dot{\gamma}_w$ 值时从近

似值中求出 τ_y。因为在此时 $\tau_w - \tau_y$ 与 τ_w 有明显差别。在这种情况下，$\lg\tau_w$ 和 $\lg\dot\gamma_w$ 的关系曲线将偏离直线，而只有在 $\lg(\tau_w - \tau_y)$ 和 $\lg\dot\gamma_w$ 之间才存在线性关系。

【例题】 利用内径为 $1.27\mathrm{cm}$、长度为 $1.219\mathrm{m}$ 的管式黏度计确定流体的流动特性。已知液体的密度 ρ 为 $1.09\mathrm{g/cm^3}$，实验测得的压力降 ΔP 和质量流量 q 如表 4-3 所示。

表 4-3　实验测得的 ΔP 和 q

ΔP/kPa	q/(g/s)
19.20	17.53
23.50	26.29
27.14	35.05
30.35	43.81
42.93	87.65

确定流动曲线类型及流动参数。

为确定流体的流动曲线，首先计算出 τ_w 和 $8\bar{v}/D$。

$$\tau_w = \frac{\Delta PR}{2L} = \frac{\Delta P \times 10^3 \times 0.635 \times 10^{-2}}{2 \times 1.219} = 2.60\Delta P\,(\mathrm{Pa})$$

$$\frac{8\bar{v}}{D} = \frac{4q}{\pi R^3 \rho} = \frac{4 \times q}{\pi \times 0.635^3 \times 1.09} = 4.56q\,(\mathrm{s^{-1}})$$

在各个 ΔP 和 q 值下计算出 τ_w 和 $8\bar{v}/D$，其结果如表 4-4 所示。

表 4-4　$8\bar{v}/D$ 的结果

ΔP/kPa	τ_w/Pa	q/(g/s)	$8\bar{v}/D/\mathrm{s^{-1}}$	$\dot\gamma_w/\mathrm{s^{-1}}$
19.20	49.92	17.58	79.94	99.93
23.50	61.60	26.29	119.88	149.85
27.14	70.56	35.05	159.88	199.79
30.35	78.91	43.81	199.77	249.71
42.93	111.62	87.65	399.88	499.60

在双对数坐标纸上画出 $8\bar{v}/D$ 和 τ_w 的关系曲线，如图 4-17 所示为一条直线，其直线的斜率为 2.0，所以该流体为非牛顿流体。

$$\dot\gamma_w = \frac{8\bar{v}}{D}\left[\frac{3}{4} + \frac{1}{4}\frac{\mathrm{d}\ln(-8\bar{v}/D)}{\mathrm{d}\ln\tau_w}\right]$$

$$= \frac{8\bar{v}}{D}\left(\frac{3}{4} + \frac{1}{4} \times 2\right) = 1.25\frac{8\bar{v}}{D}$$

由 $8\bar{v}/D$ 计算出对应于各个 τ_w 时的剪切速率 $\dot\gamma_w$ 如表 4-4 所示。在双对数坐标纸上画出 τ_w 和 $\dot\gamma_w$ 关系曲线如图 4-18 所示，得出一条直线，其斜率为 0.5。当 $\dot\gamma_w = 1$ 时，即 $\lg(\dot\gamma_w) = 0$ 时截距为 5，所以该流体的流动曲线方程为：

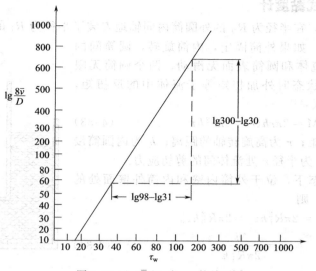

图 4-17 $\lg 8\bar{v}/D$ 和 τ_w 的关系

$$\tau = 5\dot{\gamma}^{0.5}$$

由此可知该流体为一种假塑性的准黏性流体。

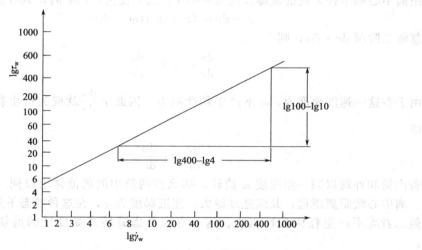

图 4-18 $\lg\tau_w$ 和 $\lg\dot{\gamma}_w$ 关系曲线

二、旋转法流动特性测定原理

旋转法是测定流体黏度的一种常用方法，测定装置为旋转式黏度计。在旋转式黏度计内，流体受到外加扭矩的作用而旋转，其黏度可根据旋转部件的角速度、外扭矩和仪器的几何尺寸而确定。流体黏度越高，则旋转部件产生相同角速度所需外扭矩就越大，只要比较其扭矩大小，即可判断其黏度大小。

旋转式黏度计分为旋转圆筒式黏度计、旋转圆板式黏度计和旋转锥板式黏度计等不同类型。而同轴圆筒式黏度计又可分为内筒旋转式、外筒旋转式等几种。旋转法可连续改变旋转角速度，测定各种剪切速率下的剪切应力，从而可以用来求非牛顿流体的牛顿曲线。

（一） 同轴圆筒式黏度计

如图 4-19 所示，在半径为 R_0 的外圆筒内同轴地安装了半径为 R_i 的内筒，在两筒间隙中充满了待测液体。如果外筒固定，内筒旋转，圆筒间的流体流动为层流，流体和圆筒表面无滑动，两个圆筒无限长，则在稳定流动状态时外加扭矩等于流体中的反扭矩，并可建立以下关系式：

$$M = 2\pi rh\tau r = 2\pi r^2 h\tau \qquad (4\text{-}33)$$

式中，M 为外加扭矩；r 为高旋转轴的距离；h 为内圆筒浸入液体中的高度；τ 为半径 r 处流体间的剪切应力。

由于在稳定状态下，位于外筒内壁和内筒外壁面处的流体所受扭矩相等，则

$$M = 2\pi R_i^2 h\tau_i = 2\pi R_0^2 h\tau_0$$

即

$$\tau_i = \frac{M}{2\pi R_i^2 h} \qquad (4\text{-}34)$$

$$\tau_0 = \frac{M}{2\pi R_0^2 h} \qquad (4\text{-}35)$$

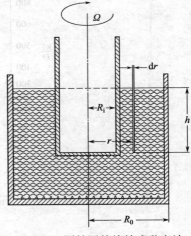

图 4-19　同轴圆筒旋转式黏度计

式中，τ_i 和 τ_0 分别为内筒筒壁和外筒筒壁处剪切应力。有时将 τ_i 记作 τ_w，相当于细管黏度计的管壁处剪切应力。

距离中心轴半径 r 处的流体线速度 $v = \omega r$，当 r 变为 $r+\mathrm{d}r$ 时，其线速度变为 $v + \mathrm{d}v$。

$$v + \mathrm{d}v = (r + \mathrm{d}r)(\omega + \mathrm{d}\omega)$$

忽略二阶项 $\mathrm{d}r \cdot \mathrm{d}\omega$，则

$$\frac{\mathrm{d}v}{\mathrm{d}r} = \omega + r\frac{\mathrm{d}\omega}{\mathrm{d}r}$$

由于在这一速度梯度内，ω 不产生黏性阻力，因此 $r\dfrac{\mathrm{d}\omega}{\mathrm{d}r}$ 就成为产生黏性阻力的剪切速率，即

$$\frac{\mathrm{d}v}{\mathrm{d}r} = r\frac{\mathrm{d}\omega}{\mathrm{d}r} \qquad (4\text{-}36)$$

若内筒和外筒以同一角速度 ω 旋转，那么在两筒中间的液体也以同一角速度 ω 作同心旋转。离中心线距离越远，其线速度越大，速度梯度为 ω，在这种状态下虽然有这个速度梯度，但二者均不产生任何黏性阻力。这一点在考虑旋转式黏度计的剪切速度时应当加以注意。

1. 利用同轴圆筒式黏度计确定流动曲线中各参数

由式（4-33）可得：

$$\frac{\mathrm{d}\tau}{\tau} = -2\frac{\mathrm{d}\omega}{\mathrm{d}r} \qquad (4\text{-}37)$$

如果外筒固定，内筒旋转角速度为 Ω，则剪切速率应为：

$$\dot{\gamma} = f(\tau) = -r\frac{\mathrm{d}\omega}{\mathrm{d}r} \qquad (4\text{-}38)$$

式中，负号是由于当 r 从 R_i 变为 R_0 时，角速度从 Ω 变为零。

将式（4-37）代入式（4-38）可得：

$$\mathrm{d}\omega = \frac{f(\tau)}{2\tau}\mathrm{d}\tau$$

$$\int_0^\Omega d\omega = \frac{1}{2}\int_{\tau_0}^{\tau_i} \frac{f(\tau)}{\tau}d\tau$$

因此
$$\Omega = \frac{1}{2}\int_{\tau_0}^{\tau_i} \frac{f(\tau)}{\tau}d\tau \tag{4-39}$$

对于牛顿流体，$f(\tau) = \tau/\eta$，则
$$\Omega = \frac{1}{2}\int_{\tau_0}^{\tau_i} \frac{1}{\eta}d\tau$$
$$= \frac{M}{4\pi h\eta}\left(\frac{1}{R_i^2} - \frac{1}{R_0^2}\right) \tag{4-40}$$

则牛顿流体的黏度为：
$$\eta = \frac{M}{4\pi h\Omega}\left(\frac{1}{R_i^2} - \frac{1}{R_0^2}\right) \tag{4-41}$$

式（4-41）称为马古方程式，根据外加扭矩和旋转角速度即可求得黏度 η。

对于准黏性流体，$f(\tau) = \left(\dfrac{\tau}{K}\right)^{1/n}$，则
$$\Omega = \frac{1}{2}\int_{\tau_0}^{\tau_i} \frac{\tau^{\frac{1}{n}-1}}{K^{\frac{1}{n}}}d\tau$$
$$= \frac{n}{2}\left(\frac{M}{2\pi hK}\right)^{\frac{1}{n}}\left(\frac{1}{R_i^{\frac{2}{n}}} - \frac{1}{R_0^{\frac{2}{n}}}\right) \tag{4-42}$$

因内筒处的 $\tau_i = M/(2\pi R_i^2 h)$，式（4-42）可简化为：
$$\Omega = \frac{n}{2}\left(\frac{\tau_i}{K}\right)^{\frac{1}{n}}\left[1 - (R_i/R_0)^{\frac{2}{n}}\right] \tag{4-43}$$

式中，τ_i 可由实验从力矩 M 求出，将式（4-43）两边取对数，可转换为 $\lg\tau_i$ 和 $\lg\tau_0$ 的斜率-截距式直线方程式，由该直线斜率可求出指数 n。常数 K 可由 n 值及截距计算而求得。

用同轴旋转式黏度计来测定宾汉姆流体时，在外圆筒内壁面的剪切应力将可能小于屈服应力值 τ_y，而内筒外壁面处剪切应力可能大于屈服应力。这样在外圆筒内壁面处有一层不流动的流体。假设在两个圆筒间隙中所有流体都处于流动状态，即在外圆筒壁处的剪切应力也大于屈服应力，则根据式（4-4）得：
$$f(\tau) = \frac{\tau - \tau_y}{\eta'}$$

所以
$$\Omega = \frac{1}{2}\int_{\tau_0}^{\tau_i} \frac{\tau - \tau_y}{\tau\eta'}d\tau$$
$$= \frac{M}{4\pi h\eta'}\left(\frac{1}{R_i^2} - \frac{1}{R_0^2}\right) - \frac{\tau_y}{\mu'}\ln\left(\frac{R_0}{R_i}\right) \tag{4-44}$$

将上式整理后可得：
$$M = \frac{\eta'}{a}\Omega + \frac{\tau_y}{a}\ln\left(\frac{R_0}{R_i}\right) \tag{4-45}$$

其中
$$a = \frac{1}{4\pi h}\left(\frac{1}{R_i^2} - \frac{1}{R_0^2}\right)$$

在不同条件下做若干次实验，求得扭矩 M 和 Ω 数据。以扭矩 M 为纵坐标，角速度 Ω 为横坐标，则数据连线应为一条直线，该直线的斜率为 η'/a，截距为 $\dfrac{\tau_y}{a}\ln\left(\dfrac{R_0}{R_i}\right)$，从而求得

塑性黏度 η' 和屈服应力 τ_y。

2. 用同轴圆筒式黏度计确定流体的流动曲线

如果流体的流动性关系式为未知，则可利用圆筒半径比内外筒间隙大得多的同轴圆筒旋转式黏度计（$R_i/R_0 > 0.97$）测定其流动曲线。此时，可近似地认为 $R = R_i = R_0$。因此由式（4-34）和式（4-35）可知 $\tau_i = \tau_0$，圆筒间流体在任何位置处的剪切应力都可以看成是相等的，其剪切速率也都看成是相等的。假设内筒旋转，外筒固定，圆筒间隙为 δ，则剪切应力 τ 为：

$$\tau = \frac{M}{2\pi R^2 h} \tag{4-46}$$

剪切速率 $\dot{\gamma}$ 为：

$$\dot{\gamma} = \frac{\omega R}{\delta} \tag{4-47}$$

在不同的内筒旋转角速度条件下测定对应的力矩，从而可由式（4-46）和式（4-47）求出相应的剪切应力和剪切速率，进而求出流动曲线。

（二） 旋转圆板式黏度计

旋转圆板式黏度计是在平行放置的两个圆板之间充满液体，其中一个圆板固定，另一个圆板以一定角速度旋转，测定作用于圆板上的黏性力矩而求黏度。旋转圆板黏度计的结构原理如图 4-20 所示，其上板由弹簧支撑，下板以一定角速度旋转。

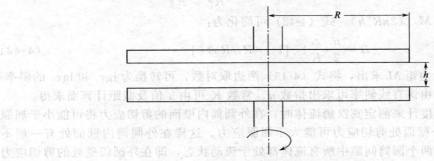

图 4-20　旋转圆板式黏度计

若圆板间距离为 h，下圆板以角速度 ω 旋转。圆板间流体为层流，圆板表面与流体间无相对滑动。在距离旋转中心轴为 r 处，与上圆板相接触的流体流速为零，与下圆板相接触的流体流速为 ωr，则半径为 r 的圆筒面上流体剪切速率 $\dot{\gamma}$ 为：

$$\dot{\gamma} = \frac{\omega r}{h} \tag{4-48}$$

设圆板圆周剪切速率和剪切应力分别为 $\dot{\gamma}_m$ 和 τ_m，则

$$\dot{\gamma}_m = f(\tau) = \frac{\omega R}{h} \tag{4-49}$$

距离中心轴半径为 r 和 $r + dr$ 之间圆筒部分的流体作用在圆板上的力矩 dM 为：

$$dM = (2\pi r dr)\tau r = 2\pi r^2 \tau dr \tag{4-50}$$

由式（4-48）得：

$$d\dot{\gamma} = \frac{\omega}{h} dr \tag{4-51}$$

将式（4-48）和式（4-51）代入式（4-50）得：

$$dM = \frac{2\pi h^3}{\omega^3} \tau \dot{\gamma}^2 \tau d\dot{\gamma}$$

$$M = \frac{2\pi R^3}{\dot{\gamma}_m^3} \int_0^{\dot{\gamma}_m^3} \tau \dot{\gamma}^2 d\dot{\gamma}$$

两边对 $\dot{\gamma}_m$ 微分得：

$$\frac{dM}{d\dot{\gamma}_m} = \frac{2\pi R^3}{\dot{\gamma}_m} \tau_m - \frac{3M}{\dot{\gamma}_m}$$

所以

$$\tau_m = \frac{3M}{2\pi R^3}(1 + \frac{d\ln M}{3d\ln\dot{\gamma}_m}) \qquad (4\text{-}52)$$

式中，R 为圆板半径。

根据式（4-52），测定对应于各种角速度时的 $\dot{\gamma}_m$ 和 M，即可求出 $d\ln M/d\ln\dot{\gamma}_m$，并由式（4-52）求出 τ_m，根据 τ_m 和 $\dot{\gamma}_m$ 即可求出流动曲线。

（三） 旋转锥板式黏度计

锥板式黏度计是一种以求非牛顿流体流动曲线为目的而设计的一种黏度计，是由上部的一个圆锥体和下部的一个圆板组成，如图 4-21 所示。圆锥和圆板的中心在同一条轴线上，圆锥的顶部与圆板相接触，圆锥和圆板都是可转动的部分，与转筒黏度计稍不同的是，液体处于圆锥和圆板构成的夹角为 θ 的狭缝中，转动圆板，由于液体的黏滞性，将带动圆锥转动，在剪切平衡的条件下，圆锥在转动一定角度后停止旋转。平圆板和圆锥面之间夹角 θ 很小，一般为 $3°$ 或更小，此时可认为 $\theta = \sin\theta = \tan\theta$，若平圆板以一定角速度 ω 旋转，在旋转中心轴为 r 而且与平圆板相接触的流体以 ωr 的速度旋转，该部分液体的厚度为 $h = r\tan\theta = r\theta$。

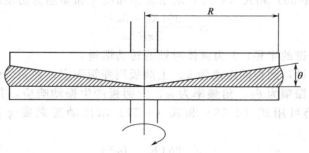

图 4-21　旋转锥板式黏度计

因此剪切速率 $\dot{\gamma}$ 为：

$$\dot{\gamma} = \frac{\omega r}{h} = \frac{\omega r}{\theta r} = \frac{\omega}{\theta} \qquad (4\text{-}53)$$

由式（4-53）可知，剪切速率 $\dot{\gamma}$ 与半径 r 无关，在平圆板上任何位置的剪切速率 $\dot{\gamma}$ 均相同。

距离旋转中心轴为 r 和 $r+dr$ 之间圆筒部分的流体作用在圆锥上的黏性力矩 dM 为：

$$dM = (2\pi r dr)\tau r$$
$$= 2\pi r^2 \tau dr$$

所以

$$M = \frac{2\pi\tau R^3}{3} \tag{4-54}$$

$$\tau = \frac{3M}{2\pi R^3} \tag{4-55}$$

式中，R 为圆板和圆锥的半径。测定对应于各个角速度 ω 时的力矩 M，并由式（4-53）和式（4-55）分别计算出剪切速率 $\dot{\gamma}$ 和剪切应力 τ，即可确定流体的流动曲线。

三、振动法确定黏弹性液体的流动特性

为测定黏弹性流体的流动性，对流体施加交变剪切应变（剪切应力），测定其相对应的剪切应力（或剪切应变），从而可求得动态黏度 η 和动态剪切模量 G。这种测定可在同轴圆筒式黏度计、锥板式黏度计和圆板式旋转黏度计上进行。

对于同轴圆筒黏度计，两筒间液体高度为 h，内筒弹性固定，固定弹簧的弹性系数为 K，对外筒施加振动，其角振幅为 θ_2，角频率为 ω。内筒产生振动响应，其角振幅为 θ_1，两者的相位角为 δ，则动态黏度 η 和动态剪切模量 G 可由下式求出。

$$\eta = \frac{-S(\theta_1/\theta_2)\sin\delta}{[(\theta_1/\theta_2)^2 - 2(\theta_1/\theta_2)\cos\delta + 1]} \tag{4-56}$$

$$G = \frac{\omega S(\theta_1/\theta_2)[\cos\delta - (\theta_1/\theta_2)]}{[(\theta_1/\theta_2)^2 - 2(\theta_1/\theta_2)\cos\delta + 1]} \tag{4-57}$$

其中

$$S = \frac{(R_0^2 - R_1^2)(K - I\omega^2)}{4\pi h R_0^2 R_1^2 \omega} \tag{4-58}$$

式中，R_0 和 R_1 分别为外筒内半径和内筒外半径，I 为内筒对轴的转动惯量。

对于锥板式黏度计，锥体的锥角为 θ。锥体弹性固定，固定弹簧的弹性系数为 K。对圆板施加振动，其角振幅为 θ_2，角频率为 ω。锥体产生振动响应，其角振幅为 θ_1，二者相位角为 δ，则可由式（4-56）和式（4-57）求出动态黏度 η 和动态剪切模量 G，其中：

$$S = \frac{3\theta(K - I\omega^2)}{2\pi R^3 \omega} \tag{4-59}$$

式中，R 为圆板和圆锥的半径；I 为锥体对轴的转动惯量。

对于圆板式黏度计，圆板间距离为 h。上圆板用弹簧固定，弹簧的弹性系数为 K。对下圆板施加振动，其角振幅为 θ_2，角频率为 ω。上圆板产生振动响应，其角振幅为 θ_1，二者的相位角为 δ，则仍可用式（4-56）和式（4-57）求出动态黏度 η 和动态剪切模量 G，其中：

$$S = \frac{2h(K - I\omega^2)}{\pi R^4 \omega} \tag{4-60}$$

式中，R 为圆板半径；I 为上圆板对轴的转动惯量。

第五章　农业物料的流体动力学特性

在农业工程中以空气或水作为载运体，利用流体动力学原理对农业物料进行加工、输送和分离是比较常用的方法。此时，固体物料存在于流体之中，并受到来自流体力的作用。因此，了解农业物料流体动力学特性是十分必要的。

第一节　阻力和阻力系数

流动的流体中有固体存在时，流体将发生绕固体表面的绕流，流体与物体之间产生作用力。如图 5-1 所示的物体，流体和物体间的作用力包括升力 F_e 和阻力 F_r。升力方向与二者相对速度方向垂直，而阻力方向与二者相对速度方向相反。

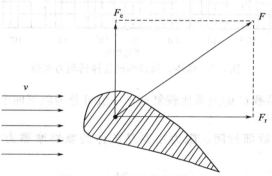

图 5-1　流体对物体的作用力

流体对物体的阻力由摩擦阻力（frictional drag）和形面阻力（profile drag）组成。摩擦阻力为作用在物体表面上的剪应力沿相对运动方向上的总和。形面阻力（也叫压差阻力）是由于流体的附面层在物体后部产生分裂而形成涡流（非流线形物体），使后部的压力降低所致，其数值为作用在物体表面上所有压力沿相对运动方向上的总和。在层流或低速流动中，流体的密度变化不大，黏性作用占主导地位，形面阻力可以忽略不计。在紊流或高速流动中，流体受压缩而不受黏性作用支配，摩擦阻力可忽略不计，形面阻力占主导地位。

根据因次分析，流体的阻力可表示为：

$$F_r = \frac{1}{2} C A \rho_f v^2 \tag{5-1}$$

式中，F_r 为阻力，其值为物体处于临界速度时的重力；A 为物体在垂直于相对速度方向上的投影面积；v 为流体和物体的相对速度；C 为阻力系数，与物体的形状、表面状态和雷诺数等有关，一般由实验确定；ρ_f 为流体密度。

一、球体的阻力系数

球体的阻力系数 C 随雷诺数 Re 的变化而变化，其实验值如图 5-2 所示，并可用下式表示。

$$C = \frac{\alpha}{Re^k} \tag{5-2}$$

式中，α 和 k 为系数；Re 为雷诺数，并用下式表示。

$$Re = \frac{vd\rho_f}{\eta} \tag{5-3}$$

式中，d 为物体的特征尺寸；ρ_f 为流体的密度；η 为流体的黏度；v 为流体和球体的相对速度。

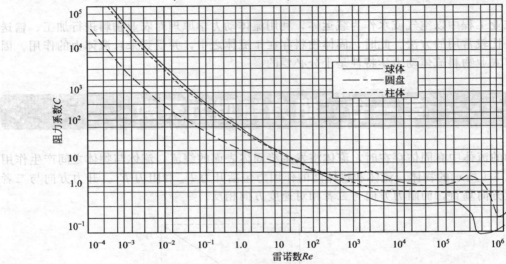

图 5-2　球体、圆盘和圆柱体的阻力系数

雷诺数 Re 和阻力系数 C 的关系比较复杂，一般可分为以下四个区段。

（1）$Re \leqslant 1$

此时附层面在球体后部封闭，阻力主要是流体的黏性摩擦力，在此区段内，$\alpha = 24$，$k = 1$，阻力系数 C 为：

$$C = \frac{24}{Re} \tag{5-4}$$

将式（5-4）代入式（5-1）中，得到流体的阻力 F_r 为：

$$F_r = 3\pi\eta vd \tag{5-5}$$

式中，η 为流体的黏度；v 为流体和球体的相对速度；d 为球体的直径。

上式即为著名的斯托克斯公式。

（2）$1 < Re < 10^3$

附面层和球面脱离，存在形面阻力，此时摩擦阻力和形面阻力都不可忽略，在此区段内，$\alpha = 10$，$k = 0.5$，阻力系数为：

$$C = \frac{10}{Re^{0.5}} \tag{5-6}$$

将式（5-6）代入式（5-1）中，得到流体的阻力 F_r 为：

$$F_r = \frac{5\pi}{4\sqrt{Re}} \rho_f v^2 d^2 \qquad (5\text{-}7)$$

式（5-7）称作阿连公式。

（3）$10^3 \leqslant Re < 2 \times 10^5$

此时附面层的分裂点基本稳定不变，形面阻力比摩擦阻力大得多，摩擦阻力可忽略不计，阻力系数 C 基本上为一个常数，其值约为 0.44（$\alpha = 0.44$，$k = 0$），阻力 F_r 为：

$$F_r = 0.173 d^2 \rho_f v^2 \qquad (5\text{-}8)$$

式（5-8）称作牛顿公式。

（4）$Re > 2 \times 10^5$

此时附面层变成紊流附面层，球体后压力增加，阻力系数 C 突然下降，降至原数值的 $1/5 \sim 1/4$，这种状态称为阻力危机。

二、平板的阻力系数

对于流速方向与板面相垂直的平板或圆盘，当雷诺数较大时由于附面层的分裂点保持不变，摩擦阻力可忽略不计。阻力系数 C 为一常数，见图 5-2。

对于流速方向与板面相切的光滑平板，阻力系数 C 可由以下公式求得。

（1）具有层流附面层的平板

$$C = \frac{1.328}{Re^{0.5}} \qquad (5\text{-}9)$$

（2）具有紊流附面层的平板

$$C = \frac{0.455}{(\lg Re)^{2.58}} \qquad (5\text{-}10)$$

式（5-10）适用于雷诺数在 $10^7 < Re < 10^9$ 的范围。

（3）附面层由层流转为紊流的过渡区段

$$C = \frac{0.455}{(\lg Re)^{2.58}} - \frac{1700}{Re} \qquad (5\text{-}11)$$

利用阻力系数 C，即可按式（5-1）求出阻力 F_r。对于板状物料必须考虑板面两侧所受的阻力。所以在用式（5-1）计算阻力时需要乘以 2。对于光滑平板附面层由层流转变为紊流的临界雷诺数约为 2.8×10^6，板面粗糙度大时会使该值减小。

三、其他形状物体的阻力系数

具有弧形轮廓表面的物体，如圆柱体、椭球等，阻力系数 C 和雷诺数 Re 之间也存在类似于球体的关系。图 5-2 给出了圆柱体阻力系数 C 随雷诺数 Re 的变化关系。当 $Re > 2 \times 10^3$ 时，阻力系数 C 基本上为一个常数。当 $Re > 2 \times 10^5$ 时，阻力系数 C 突然下降而出现了阻力危机。

图 5-3 为各种谷粒的阻力系数 C 和雷诺数 Re 的关系曲线。当 $Re < 3 \times 10^3$ 时，阻力系数随雷诺数的变化显著。当 $Re > 3 \times 10^3$ 时，阻力系数基本上为一个常数。

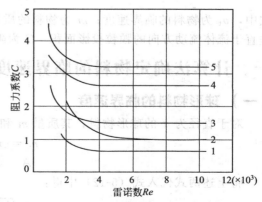

图 5-3　各种谷粒的阻力系数和雷诺数的关系曲线
1—大豆；2—玉米；3—高粱；4—小麦；5—水稻

物料从静止的流体中自由下落，最终达到匀速向下运动，把这一速度称为该物料的沉降速度。如果流体以物料的沉降速度向上运动，而流体中的物料颗粒在某一水平面上呈悬浮状态，把此时流体速度称作物料的悬浮速度。显然，悬浮速度和沉降速度的意义不同而数值相等，因此将悬浮速度和沉降速度统称为临界速度（terminal velocity）。

一个物料在静止的流体中向下运动时，在其达到临界速度的稳定状态下，如果物料的密度大于流体的密度，则物料将向下运动；如果物料的密度小于流体的密度，则物料将向上升起。在用气流分离某种产品时，如要把麦粒从其他物料（茎秆和颖壳）中分离出来，必须了解所有物料的临界速度，以便确定准确的分离物料所需的气流速度范围。因此，临界速度作为物料的一个重要流体动力学特性，已经在流体输送和物料分离方面得到了广泛的利用。

物料在静止流体中自由下落达到临界速度时，物料受到的流体阻力、重力和流体浮力将达到平衡，即

$$F_g = F_r + F_b$$

式中，F_g 为重力；F_b 为浮力；F_r 为流体对物料的阻力。

重力 F_g 为：

$$F_g = mg$$

浮力 F_b 为：

$$F_b = \frac{m}{\rho_s} \cdot \rho_f g$$

流体对物料的阻力 F_r 为：

$$F_r = \frac{1}{2} C A \rho_f v_t^2$$

因此，当物料处于临界速度时：

$$mg = \frac{m}{\rho_g} \cdot \rho_f \cdot g + \frac{1}{2} C A \rho_f v_t^2$$

则物料的临界速度 v_t 为：

$$v_t = \sqrt{\frac{2mg(\rho_s - \rho_f)}{C A \rho_s \rho_f}} \tag{5-12}$$

式中，v_t 为物料的临界速度；m 为物料的质量；ρ_s 为物料的密度；ρ_f 为流体的密度；A 为垂直于流体流动方向的颗粒投影面积；C 为阻力系数。

一、计算法确定物料的临界速度

（一）球形物料的临界速度

对于直径为 d 的球形物料，其质量 m 和投影面积 A 分别为：

$$m = (\pi d^3 \rho_s)/6$$
$$A = (\pi d^2)/4$$

将上述两式代入式（5-12）中得：

$$v_t = \sqrt{\frac{4gd(\rho_s - \rho_f)}{3C\rho_f}} \tag{5-13}$$

由于阻力系数 C 在不同的雷诺数 Re 区段内存在不同的函数关系，所以物料临界速度根据不同的雷诺数区段分别加以计算。

对于 $Re<1\sim2$ 范围的层流，由于 $C=24/Re$，所以临界速度 v_t 为：

$$v_t = \frac{gd^2(\rho_s - \rho_f)}{18\eta} \tag{5-14}$$

对于 $1<Re<10^3$ 的范围，由于 $C=10/\sqrt{Re}$，所以临界速度 v_t 为

$$v_t = 0.26d\left[\frac{(\rho_s - \rho_f)^2 g^2}{\rho_f \eta}\right]^{1/3} \tag{5-15}$$

对于 $10^3<Re<2\times10^5$ 范围的紊流，因为 C 为 0.44，故临界速度 v_t 为：

$$v_t = 1.74\left[\frac{gd(\rho_s - \rho_f)}{\rho_f}\right]^{1/2} \tag{5-16}$$

（二） 几种规则形状物料的临界速度

表 5-1 列出了几种规则形状物料的临界速度及其参数方程。

表 5-1　几种规则形状物体的临界速度及其参数方程

参数方程　几何体 参　数		薄圆盘 （流速方向与盘面垂直）	薄圆盘 （流速方向与盘面相切）	无限长圆柱体 （流速方向与轴线垂直）
雷诺数 Re 方程		$\dfrac{dv\rho_f}{\eta}$	$\dfrac{2Lv\rho_f}{\eta}$	$\dfrac{dv\rho_f}{\eta}$
投影面积 A		$\dfrac{\pi}{4}d^2$	dL	dL
质量 m		$\dfrac{\pi}{4}d^2L\rho_s$	$\dfrac{\pi}{4}d^2L\rho_s$	$\dfrac{\pi}{4}d^2L\rho_s$
阻力关系	层流 $Re<2.0$　阻力 F_r CRe	$8\eta vd$ $\dfrac{64}{\pi}$	$\dfrac{16}{3}\eta vd$ $\dfrac{64}{3}$	$\dfrac{4\pi}{K}\eta vd$ $\dfrac{8\pi}{K}$
	紊流　阻力系数 C 雷诺数 Re	1.12 $>10^3$	— —	1.20 $1\times10^2\sim2\times10^3$
临界速度 v_t		$\dfrac{2gL(\rho_s - \rho_f)}{C\rho_f}$	$\dfrac{\pi gd(\rho_s - \rho_f)}{2C\rho_f}$	$\dfrac{\pi gd(\rho_s - \rho_f)}{2C\rho_f}$

注：1. L 为圆盘厚度和圆柱体长度。
2. $K=2.002\ln Re$。

（三） 不规则形状物料的临界速度

农业物料的形状一般都是不规则的，在流体中呈随机方位，故其临界速度不易计算。实验研究表明，在雷诺数 Re 小于 50 时，如果物料形状不是极端不规则，物料的阻力系数和球的阻力系数相差很小，故可将不规则形状物料转化为当量球体计算。当雷诺数 Re 大于 50 时，二者阻力系数差别增大，如仍用当量球体计算将会导致较大误差。在工程实际应用中为了估算形状相似的非球形物料的临界速度，可把形状不规则物料简化为当量球体，而后加以修正。

把不规则形状物料简化为当量球体时，保持二者的体积和密度相等，故有

$$m = (\pi d^3 \rho_s)/6$$

$$d_e = 1.24\left(\frac{m}{\rho_s}\right)^{1/3} \tag{5-17}$$

式中，m 为物料的质量；d_e 为不规则物料的当量球体直径；ρ_s 为物料密度。

物料形状对其临界速度具有显著影响。对于质量相同的物料，球形体的临界速度最大。不规则形状物料因其阻力系数比球体大，所以临界速度比球体小，当物料达到临界速度时，由于不规则形状物料和当量球体所受重力和浮力相等，所以二者所受阻力也相等，即

$$F_{re} = F_{rs}$$

不规则形状物料的阻力 F_{rs} 为：

$$F_{rs} = \frac{1}{2} C_s A_s \rho_f v_{ts}^2$$

当量球体的阻力 F_{re} 为：

$$F_{re} = \frac{1}{2} C_e A_e \rho_f v_{te}^2$$

所以

$$C_e A_e v_{te}^2 = C_s A_s v_{ts}^2$$

最后得

$$v_{ts} = \frac{1}{\sqrt{\phi}} v_{te} \tag{5-18}$$

式中，v_{ts} 为不规则形状物料的临界速度；v_{te} 为当量球体的临界速度；ϕ 为形状修正系数，$\phi = \dfrac{C_e A_e}{C_s A_s}$。

表 5-2 给出了一些谷粒的形状修正系数 ϕ 值，表 5-3 为一些农业物料的临界速度 v_{ts} 值。

表 5-2　一些谷粒的形状修正系数

谷粒种类	水 稻	小 麦	高 粱	玉 米	大 豆
形状修正系数 ϕ	3.02	2.47	2.17	2.11	1.33

表 5-3　一些农业物料的临界速度

物 料	临界速度/(m/s)	物 料	临界速度/(m/s)	物 料	临界速度/(m/s)
小 麦	9~11	棉 籽	9.5	砂 糖	8.7~12
面 粉	2~3	花 生	12.5~15	细干盐	9.8
麸 皮	2.75~3.25	大 豆	10	苹 果	38.5~41.3
大 麦	8.4~10.8	粟	8.5	杏	32
荞 麦	7.5~8.7	豌 豆	15~17.5	紫浆果	9.1~17.5
稻 谷	8.1~10.1	稗 子	4~7	樱 桃	14.4~22.6
糙 米	11.3~14.5	玉 米	9.8~14	葡 萄	15.2
谷 糠	3~4	高 粱	9.8~11.8	桃 子	41~41.5
菜 籽	8.2	小 米	13.2	李 子	31.9
向日葵籽	7.3~8.4	茶 叶	6.9	马铃薯	23.2~32.9

二、查表法确定物料的临界速度

如前所述，在计算物料临界速度时，首先需要判明物料所处的雷诺数范围，而雷诺数又是临界速度的函数，需在计算前先假定一个雷诺数范围，计算出临界速度后还需进行校核，因此计算比较繁琐。为了简化计算，可首先计算 CRe^2 或 C/Re^2 项，并结合有关表格或曲线图，求出临界速度 v_t 或颗粒直径 d。

对于球形物料达到临界速度时的阻力系数，由式（5-13）可知：

$$C = \frac{4gd(\rho_s - \rho_f)}{3\rho_f v_t^2}$$

$$Re = \frac{d\rho_f v_t}{\eta}$$

为消去 v_t^2 项，采用无因次量 CRe^2，即

$$CRe^2 = \frac{4\rho_f g d^3(\rho_s - \rho_f)}{3\eta^2} \tag{5-19}$$

对于非球形几何体，只要已知物料的密度和质量也可用下式求出 CRe^2 项。

$$CRe^2 = \frac{8\rho_f mg(\rho_s - \rho_f)}{\pi\eta^2\rho_s} \tag{5-20}$$

由此可见，CRe^2 项与临界速度 v_t^2 无关。根据物料的阻力系数 C 和雷诺数 Re 关系可计算出 $Re = f(CRe^2)$ 的函数关系，并制成表格或曲线图。在计算时首先利用给定的数据求出 CRe^2 项，利用有关的表格或曲线即可查出相应的 Re 值；并由此求出临界速度。图 5-4 为球体的 Re 和 CRe^2 关系曲线。图 5-5 为平板、立方体和圆形物体的 Re 和 CRe^2 关系曲线。图 5-6 为圆盘的 Re 和 CRe^2 关系曲线。

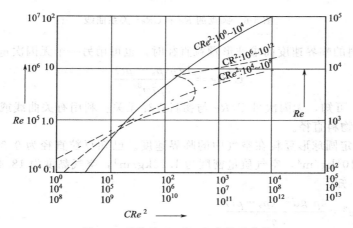

图 5-4　球体的 Re 和 CRe^2 关系曲线

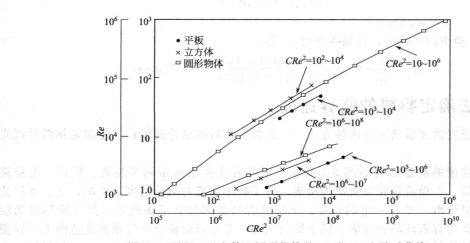

图 5-5　平板、立方体和圆形物体的 Re 和 CRe^2 关系曲线

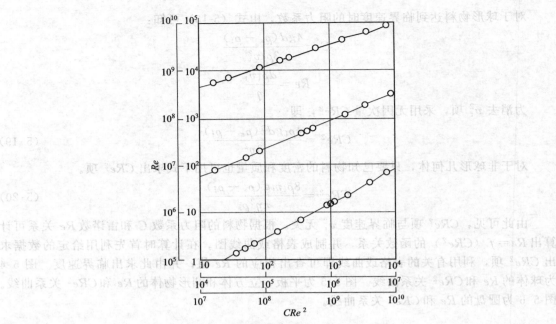

图 5-6 圆盘的 Re 和 CRe^2 关系曲线

如果已知物料的临界速度而求球形颗粒直径时，也可用另一个无因次量 C/Re，即

$$C/Re = \frac{4g\eta(\rho_s - \rho_f)}{3\rho_f^2 v_t^3} \tag{5-21}$$

由式（5-21）可知，无因次量 C/Re 与物料直径无关。利用有关曲线或表格查得相应的 Re 值，即可求出物料直径。

【例题】 确定圆球形豆粒在空气中的临界速度。已知豆粒直径为 9.39mm，豆粒的质量密度为 $1.18 \times 10^3 kg/m^3$，空气质量密度为 $1.23 kg/m^3$，空气黏度为 $18.4 \times 10^{-6} Pa \cdot s$。

由式（5-19）知：

$$CRe^2 = \frac{4\rho_f g d^3 (\rho_s - \rho_f)}{3\eta^2}$$

$$= \frac{4 \times 9.8 \times 1.23 \times 9.39^3 \times 10^{-9} \times (1.18 \times 10^8 - 1.23)}{3 \times 18.4^2 \times 10^{-12}}$$

$$= 46.3 \times 10^6$$

查图 5-4，得 $Re = 10500$，故临界速度 v_t 为：

$$v_t = \frac{Re \cdot \eta}{d\rho_f} = \frac{10500 \times 18.4 \times 10^{-6}}{9.39 \times 10^{-3} \times 1.23} = 16.7 (m/s)$$

三、实验法确定物料的临界速度

物料临界速度的实验确定有两种方法，一是测定物料的悬浮速度；二是测定物料的沉降速度。

物料悬浮速度的测量装置如图 5-7 所示。该装置主要由风量调节装置、风机、上稳流管、锥形观察筒、下稳流管和集流罩等组成。为了减小紊流对测量精度的影响，上、下稳流管内表面要尽量光滑，并有一定的长度。下稳流管的底部加装了集流罩，使气流尽量为层流。锥形观察管为有机玻璃制成的上粗下细的锥形，并尽可能使管中气流速度范围大，以便能够测量较多的物料种类。通过调节出风口的大小来改变锥形管中的风速，直至物料被吸入锥形观察筒中。通过对出风口的风量调节，使物料处于观察筒中的某一位置并呈悬浮状态，记下悬浮物料的具体位置和风速风量调节装置，关闭风机电源，待物料从测量装置中落下后，把风速测试仪的探头放在物料呈悬浮状态的同一位置，重新开启风机电源，待气流稳定后读出风速测试仪的风速值，则风速即为物料的悬浮速度。

由于管子中横截面上各点风速不一致以及物料投影面积不断变化，致使物料在垂直管道中上下翻滚而不能稳定在某一位置，上下波动幅度较大，难以精确测定物料的准确悬浮位置，因此测量精度难以保证。

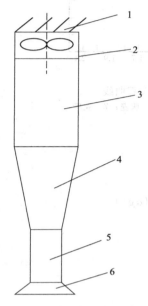 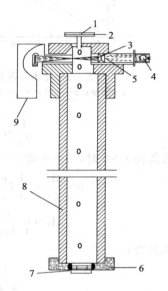

图 5-7　物料悬浮速度测量装置　　　　图 5-8　物料沉降速度测量装置
1—风机；2—风量调节装置；3—上稳流管；　　1—真空放料装置；2—接真空泵；3—平凸透镜；4—光源；
4—锥形观察管；5—下稳流管；6—集流罩　　5—遮光板；6—接收装置；7—耳机；8—下落管；9—光电管

物料沉降速度测定装置如图 5-8 所示，该装置由下落装置、下落管和接收装置三部分组成。下落装置中装有光源和光电管，以记录物料通过时的信号。接收装置中装有耳机，以记录物料到达的信号。下落管长度可以更换。通过实验可以测得物料自由下落时的位移和时间的关系数据并得出相应位移和时间关系曲线。如果有足够长的下落高度使物料达到临界速度，则位移和时间的关系曲线变成直线，其直线部分斜率即为物料的临界速度。图 5-9 为球体和各种农业物料的位移和时间关系曲线。但在实验中往往没有足够的下落高度使物料最终达到临界速度。

设物料在静止空气中自由下落，所受重力为 mg，阻力 $F_r = \dfrac{1}{2}CA\rho_f v^2 = kv^2$，则可建立如下运动方程式（不计空气浮力）。

$$m\,\frac{\mathrm{d}v}{\mathrm{d}t} = mg - kv^2$$

或

$$\frac{\mathrm{d}v}{\mathrm{d}t} = g\left(1 - \frac{k}{mg}v^2\right)$$

令 $a = \dfrac{k}{mg}$，并对上式积分得：

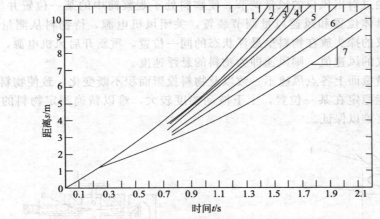

图 5-9　球体和各种农业物料的位移-时间关系曲线
1—钢球；2—大豆；3—玉米；4—小麦；5—大麦；6—燕麦；7—亚麻

$$\frac{1}{2a}\ln\frac{1+av}{1-av}=gt+c_1$$

利用初始条件 $t=0$ 时，$v=0$ 则 $c_1=0$，于是

$$v=\frac{\mathrm{d}s}{\mathrm{d}t}=\frac{1}{a}(\frac{\mathrm{e}^{agt}-\mathrm{e}^{-agt}}{\mathrm{e}^{agt}+\mathrm{e}^{-agt}})=\frac{1}{a}tgh(agt)$$

或

$$\mathrm{d}s=\frac{1}{a\,(ag)}tgh\,(agt)\,(ag\mathrm{d}t)$$

对上式积分得：

$$s=\frac{1}{a^2g}\mathrm{lncosh}(agt)+c_2$$

利用初始条件 $t=0$，$s=0$ 得 $c_2=0$。考虑到空气的质量密度 ρf 比物料的质量密度 ρs 小得多，故可将 ρf 略去，并对上式的 a^2 进行变换，最后得出位移和时间的关系为：

$$s=\frac{v_\mathrm{t}^2}{g}\mathrm{lncosh}(\frac{g}{v_\mathrm{t}}\cdot t) \tag{5-22}$$

此式表示物料沉降时的位移、时间和临界速度的关系。只要将实验测得的位移和时间数据代入上式，即可求出物料的临界速度。

第三节　物料动力学特性在农业工程中的应用

一、农业物料的清选和分离

农业物料的清选和分离是根据物料中各组成成分的阻力系数或临界速度的不同而完成的。各组成成分的阻力系数或临界速度不同，流体对其作用力不同，运动规律也不同，从而把不同组成成分分别收集起来。

农业物料在流体中的阻力可用阻力系数 c、阻滞系数 k 或漂浮系数 k_0 等表示。当物料在空气中达到临界速度时，如不计浮力，则有

$$c=\frac{2mg}{\rho_\mathrm{f}Av_\mathrm{t}^2} \tag{5-23}$$

$$k = \frac{mg}{v_t^2} \tag{5-24}$$

$$k_0 = \frac{g}{v_t^2} \tag{5-25}$$

阻滞系数（resistance coefficient）k，是一个与迎风面积无关的参数，其单位为 kg/m；阻力系数（drag coefficient）中含有迎风面积项，是一个无量纲的参数；漂浮系数 k_0 仅与临界速度有关，其单位为 m^{-1}。在实际应用中，如在判别物料是否可被分离时，采用 k 值或 k_0 值更为方便。表 5-4 列出了小麦脱出物各组成成分的阻力系数 c、阻滞系数 k 或漂浮系数 k_0。

图 5-10 为利用垂直气流分离谷物脱出物的实验结果，可用以判断各种成分被分离的可能性。由图可见，随着气流速度的增大，分离出物料的不同成分百分数增加。对于大豆可用气流把茎秆及荚壳全部分离出去而无谷粒吹出。对于小麦如把茎秆全部分离，则会有一部分谷粒被吹走。对于玉米则不可能将籽粒与碎茎秆等完全分离。实验表明，能使小麦谷粒全部分离的气流速度必须达到 9.1m/s。

表 5-4　小麦脱出物各组成成分的阻力系数 c、阻滞系数 k 和漂浮系数 k_0

成分名称	质量 /$\times 10^{-6}$kg	临界速度 /(m/s)	阻滞系数 /($\times 10^{-5}$kg/m)	阻力系数 c	漂浮系数 /m^{-1}
小麦颖壳	3.16	1.26	19.5		6.17
小麦空穗	204.3	2.16	429.1		2.10
小麦谷粒	42.2	8.78	5.4		0.13
6mm 长茎秆	29.6	4.8	12.6	0.84	0.43
25mm 长茎秆	53.1	3.96	33.2	0.66	
76mm 长茎秆	111.5	2.74	145.6	0.90	1.31
250mm 长茎秆	338.9	2.51	527.1	0.91	1.56

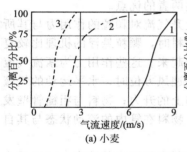 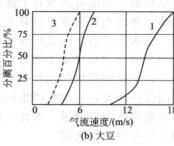 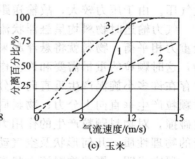

(a) 小麦　　　　　　　(b) 大豆　　　　　　　(c) 玉米

图 5-10　谷粒的分离百分数与气流速度的关系
1—谷粒；2—茎秆；3—颖壳、荚壳或穗芯

利用空气动力学原理对豆类脱出物进行了试验研究。研究表明，根据豆粒实际临界速度并利用几何平均值计算迎风面积，得出几个品种豆粒的阻力系数 c 在 $0.45 \sim 0.65$ 之间，临界速度在 $12.1 \sim 19.8$m/s 之间。在此范围内约有 80% 的破损豆粒可被分离出来，而完好豆粒并无明显损失。完全分离叶子、碎茎秆及根等轻杂物所需速度为 6.4m/s。由于完好豆粒的临界速度处于分离石子所需速度范围内（$7.9 \sim 24.3$m/s），因此利用气流把石子从豆粒中分离出来较为困难。

茎秆的空气动力学特性是谷物气流清选的理论依据。茎秆的临界速度与它在气流中的方位有关，而方位决定于茎秆的长度及其节的位置。茎秆临界速度和其长度及节的位置关系如图 5-11 所示。对于节在一端的短茎秆，方位趋于垂直，迎风面积减小，临界速度增大。随着茎秆长度的增大，或秆上无节及节在中部，方位趋于水平，临界速度显著下降。在气流清选中利用这种特性，将会提高清选效果。

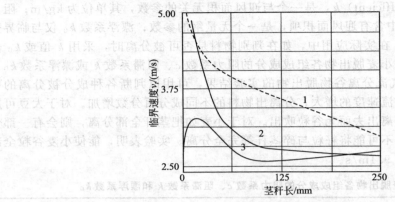

图 5-11　茎秆长度和临界速度的关系
1—节在一端；2—节在中部；3—无节

二、气力输送

气力输送是利用气流对颗粒物料进行输送，目前已获得广泛应用。在农业物料方面主要用于谷粒、草料、面粉以及其他松散物料的输送。气力输送与水力输送都是固体与流体混合在一起的流动，有着相似的运动规律，统称为两相流。

气力输送装置一般由风机、输送管道、供料器及卸料器等组成。主要有吸送式、压送式和混合式三种，如图 5-12 所示。吸送式输送装置管道内的压力低于大气压，可直接从料堆吸料。由于吸力所限，只适于输送近距离轻质、松散物料。压送式输送装置管道内压力高于大气压。由于压力较大，故输送距离较远。而混合式兼有上述两者的优点。

气力输送时物料均呈悬浮状流动。在垂直管道中，只要上升气流对颗粒的作用力与其所受重力相平衡，物料就将悬浮起来。在水平管道中输送颗粒物料时，颗粒悬浮的机理比较复杂，这时颗粒的重量需要和许多作用力的合力相平衡才能悬浮起来。这些作用力为紊流气流中存在许多小旋涡产生垂直向上分力；不规则形状颗粒在某些迎风方位时，水平运动的气流对颗粒产生垂直向上分力；物料周围存在环流，对颗粒产生向上的升力；物料与粗糙管壁发生碰撞，对物料颗粒产生的作用力在垂直方向的分量。因此，物料在管内的流动状态与其自身的物理性质、几何形状及空气动力学特性关系密切。

研究表明，影响物料流动状态的因素主要是气流流速和物料在气流中的浓度。速度越小或浓度越大，则分布在管底的物料越密，越易堵塞。由于物料颗粒的重力作用使其具有下沉的趋势，只有在高速气流下才能达到悬浮流动，且管内下部物料密度较大［见图 5-13（a）］；气流速度降低时，物料出现疏密不均状态，在管底出现砂丘状堆积层［见图 5-13（b）］；流速再降低，则物料砂丘状堆积会阻塞管道，形成物料的间断流动［见图 5-13（c）］；流速进一步降低会使管底物料堵塞不动，仅有一部分在管顶呈波状前进［见图 5-13（d）］。

理论分析可以证明，在物料的管道输送过程中，随着气流速度的增大，空气与管道间的摩擦阻力将会增加，但物料的输送阻力减小。因此，必然存在一最佳速度，在此速度下，管道的输送阻力或压力降最小，在气力输送中，这一速度称为临界气流速度，并可用下式计算得到。

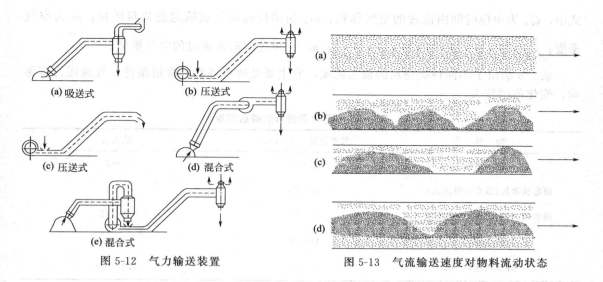

图 5-12　气力输送装置　　　　　　　　图 5-13　气流输送速度对物料流动状态

$$v_{ak} = \left(\cfrac{\alpha g D v_t}{\cfrac{v_s}{v_a} \left[\lambda_a + \lambda_s \alpha \left(\cfrac{v_s}{v_a} \right) \right]} \right)^{1/3} \tag{5-26}$$

式中，v_s 为物料的运动速度；v_a 为气流的运动速度；D 为管道直径；v_t 为物料的临界速度；λ_a 为空气的阻力系数；λ_s 为物料的摩擦系数。

紊流圆管输送条件下 $\lambda_a = \cfrac{0.3164}{Re^{0.25}}$。

实际设计中，应有足够的气流速度及流量以保证管道不堵塞。气流速度应根据理论研究及实验结果综合选取，通常可按下式确定。

$$v_a = \varphi v_t \tag{5-27}$$

式中，v_t 为物料的临界速度；φ 为速度系数，它取决于输送管道的安置形式及复杂程度（如管道长度、垂直或水平放置、弯头等）以及物料种类与特性（如浓度及含水量等）。φ 的选取范围一般为 1.3～10。当浓度较大、含水量较大或输送条件不利时取大值；松散物料在垂直管中取 $\varphi=1.3～2.5$；松散物料在水平管中取 $\varphi=1.5～2.5$；复杂管路取 $\varphi=2.4～5.0$；黏性物料 $\varphi=5～10$。

表 5-5 给出了一些物料常用的气流输送速度，显然比物料临界速度大得多。

表 5-5　一些物料常用的气流输送速度

物　料	输送速度/(m/s)	物　料	输送速度/(m/s)	物　料	输送速度/(m/s)
大　麦	15～25	谷　壳	14～20	咖啡豆	12
小　麦	15～24	大　豆	18～30	豌　豆	17～27
麸　皮	14～19	玉　米	25～30	稗　子	12～30
面　粉	10～18	棉　籽	23	荞　麦	15～20
稻　谷	16～25	亚麻籽	23	盐	27～30
大　米	16～20	花　生	15	砂　糖	25

气流运输时空气流量可按下式计算。

$$Q_a = \cfrac{m_s}{\mu \rho_f} \tag{5-28}$$

式中，Q_a 为单位时间内流过的空气体积；m_s 为单位时间气流输送的物料质量；ρ_f 为空气密度；μ 为物料在气流中的浓度，$\mu = \dfrac{m_s}{m_a}$；m_a 为单位时间内流过的空气质量。

表 5-6 给出了不同种类物料的输送浓度，它主要受物料特性、管道条件、气流压力等影响，变化范围较大。

表 5-6　不同种类物料的输送浓度

物　料	气流速度 v_0/(m/s)	浓度 μ
细粒状物料	25～35	3～5
颗粒状物料(低真空吸送式)	16～25	3～8
颗粒状物料(高真空吸送式)	20～30	15～25
粉状物料	16～22	1～4
纤维状物料	15～18	0.1～0.6

三、水力输送

水力输送主要用于饲料、畜禽粪便、水果和蔬菜等的输送。按输送方式可分为敞开式沟槽和封闭式管道两种。水力输送的优点是比较经济而且可减小物料的损伤，在输送过程中又对物料进行了清选。管道输送的优点是可作大角度的倾斜输送，管道可穿越任何方向的障碍物，占位较小，安装保养方便且易于实现自动化操作。图 5-14 为马铃薯的水力输送简图，管道直径为 300mm，输送距离可达 100m。

在管道输送中，任意浓度条件下液体流速由高到低变化时，可以观察到以下四种不同的流动状况。

1) 流速很高（3m/s 以上）时，此时细粒和中等颗粒完全悬浮。在适当流速下（1～1.5m/s），如果是紊流且颗粒的沉降速度小，也会出现完全悬浮，但固体颗粒不与管壁接触。

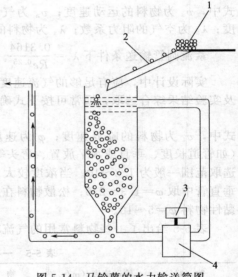

图 5-14　马铃薯的水力输送简图
1—物料；2—输料斜槽；3—电动机；4—泵

2) 流速、紊流强度和升力均降低时，大颗粒集中于管的下部，与管壁碰撞后又弹回液流中，称为非均匀悬浮流。

3) 在某一速度下，全部颗粒冲击管壁，并堆积于管底，液流的切向力促使其旋转、跌落，形成所谓的移动床。

4) 流速进一步降低时，床层增厚，形成淤积从而导致阻塞。

与气流输送一样，临界速度与阻力系数也是物料水力输送的两个重要参数。临界速度对于物料在流体中从非淤积状态向淤积状态的转变起着决定作用，它表示物料输送安全运行的下限，流速过高则阻力增加，流速过低淤积层加厚，造成阻塞。对于球状物料的临界速度仍可根据雷诺数的不同，用前述的式（5-14）、式（5-15）和式（5-16）求出。对于不规则形状物料也可用下式求出其临界速度。

$$v_t = \left[\frac{4gd_e(\rho_s - \rho_f)}{3\rho_f}\left(\frac{\phi}{c}\right)\right]^{1/2} \qquad (5\text{-}29)$$

式中，d_e 为当量球体直径；ρ_s 为物料密度；ρ_f 为水的密度；c 为球体阻力系数；ϕ 为形状系数，$\phi = A_e/A$；A_e 为当量球体最大横截面积；A 为物料的最大横截面积。

　　通常情况下，当管道内水流速度大于物料的临界速度时，即可将物料带走。但由于物料间及物料与管壁之间的相互摩擦、碰撞以及管中水流速度分布不均匀等因素影响，实际所需输送速度要比物料临界速度大得多。

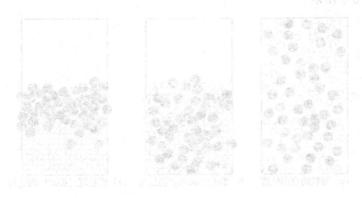

第六章 农业散粒物料的力学特性

农业散粒物料是由许多松散、分离、形状尺寸差不多的颗粒所组成的群体，又称散粒体。农业物料中的种子、谷粒、颗粒饲料、面粉、奶粉以及水果、蔬菜等均属于散粒物料（农业生产中最重要的土壤一般也呈现散粒物料的性状）。按其粒径大小，散粒体可分为粗粒、细粒和粉体三类。了解和掌握农业散粒物料的摩擦学特性，是合理地设计和应用各种农业耕作、农产品加工、运输和储藏设备的重要理论基础。

第一节 概 论

农业散粒物料是指单个较小颗粒的群体的总称，其颗粒尺寸在 $1\mu m \sim 10cm$ 之间，如谷物籽粒、草种子、食盐等粉状颗粒物、颗粒饲料、块状物、水果和土壤等。

散粒物料的性质不同于一般固体、液体和气体，但散粒物料也兼具固体和流体的性质，如散粒物料中的单一粒子具有一定的形状、尺寸和外摩擦特性，而散粒物料的整体形状随容器形状而改变，对容器侧壁会产生压力，整体具有内摩擦性和流动性。而散粒物料在一定外界作用的条件下会呈现出某些特性，表现为一些特殊的效应和现象。

1. 巴西果效应

巴西果效应（Brazil nut effect）是指如果把两种颗粒的混合物置于容器中，然后施加外加的振荡，体积比较大的颗粒会上升到表层，而较小的颗粒会沉降到底部，也被称为巴西果分离现象，如图 6-1 所示。

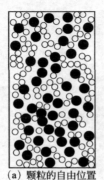 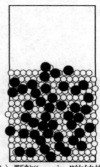 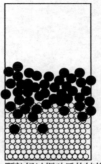

(a) 颗粒的自由位置　(b) 颗粒"pouring"的结构　(c) 颗粒经过振动后的结构

图 6-1 巴西果分离效应示意图

2. 粮仓效应

粮仓底部的压力在粮仓高度大于底部直径的 2 倍后不再增加了，就是说当容器内颗粒的高度超过一定值后，底部压力基本保持常数，不再随高度增高而增加，如图 6-2 所示。

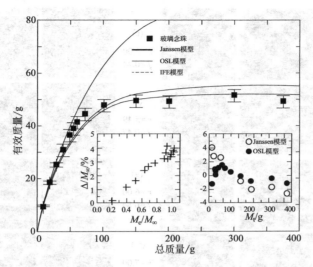

图 6-2　粮仓效应的压力分布图

3. 成拱现象

从漏斗中下落的散粒物料有时会自然形成拱，造成物料不能下落，这时如果从上面向下捅，只会越捅越紧；只有从下面向上捅，才能把拱破掉。当颗粒体系受到纵向的压力时，颗粒内部承受力的方向有横向分布的倾向。这种倾向造成颗粒物料成拱现象的发生。正是颗粒内部的成拱结构，将力分散到果堆外围部分，从而形成了中间颗粒受力小的"压力凹陷"情况。而由于成拱现象导致的瓶颈效应也是散粒物料重要的效应之一，瓶颈效应是指在漏斗或长管中流动时经常产生自发堵塞成拱，或形成密度波、间歇流等现象。图 6-3 和图 6-4 分别表示的是散粒物料的成拱现象以及与之相关的瓶颈效应示意图。

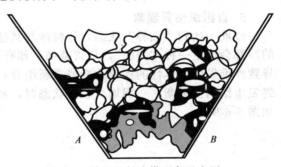

图 6-3　散粒物料成拱现象示意图

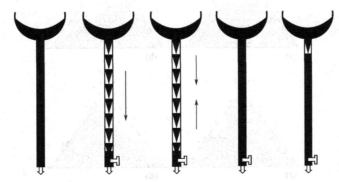

图 6-4　瓶颈效应示意图［其中从左到右开口依次减小，Phys. Rev. E，59，778（1999）］

4. 振动斑图现象

散粒在垂直振动条件下，散粒会集中到一些振动轻微或无振动的位置上，在表面形成具有各种形状的斑图，如图6-5所示。

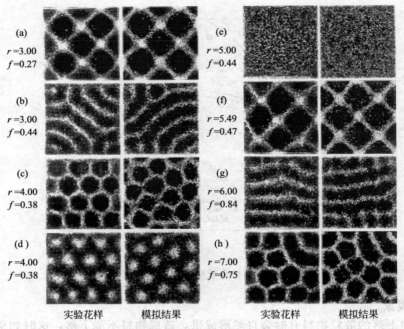

(a) $r=3.00$ $f=0.27$	(e) $r=5.00$ $f=0.44$
(b) $r=3.00$ $f=0.44$	(f) $r=5.49$ $f=0.47$
(c) $r=4.00$ $f=0.38$	(g) $r=6.00$ $f=0.84$
(d) $r=4.00$ $f=0.38$	(h) $r=7.00$ $f=0.75$

实验花样　　　模拟结果　　　　　　实验花样　　　模拟结果

图6-5　不同频率条件下的振动斑图［Phys. Rev. Lett，80，57（1998）］

5. 自组织临界现象

沙堆一达到"临界"状态，每粒沙与其他沙粒就处于"一体性"接触，那时每粒新落下的沙都会产生一种"力波"，尽管微细，却有可能贯穿沙堆整体，把碰撞依次传给所有沙粒，导致沙堆发生整体性的连锁改变或重新组合；沙堆的结构将随每粒新沙落下而变得脆弱，最终发生结构性失衡——坍塌。临界状态时，沙崩规模的大小与其出现的频率呈幂函数关系，如图6-6所示。

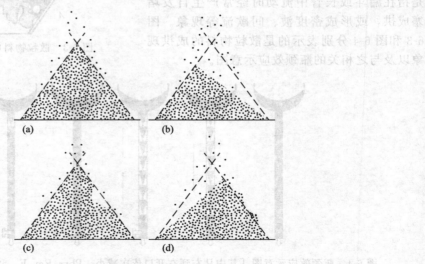

图6-6　自组织临界状态的沙堆模型

散粒物料是人类生产生活中重要的材料存在形式，散粒物料及其技术的应用极其广泛，如散粒的生成、储存、运输、混合、干燥及加工等领域和技术环节，都需要对散粒物料的特性和规律进行了解和研究，而上述散粒物料所呈现的特性和效应，往往是由于其特有的力学和摩擦学特性所造成的，学习和了解这些特性，对于掌握和理解散粒物料特性和规律，服务生产生活的各个领域具有重要的指导和实践意义。

第二节　散粒物料的摩擦学特性

散粒物料之所以呈现粮仓效应、自组织临界效应等特性，与其所具有的内摩擦特性等摩擦学行为有着密切的联系。而散粒物料的摩擦特性需要用滑动摩擦角、滚动稳定角、休止角和内摩擦角等特定的参数加以表述，其中滑动摩擦角、滚动稳定角是反映物料与接触固体表面间的摩擦性质，休止角和内摩擦角反映物料间的内在摩擦性质。

在摩擦学中，一般采用摩擦因数表征摩擦特性，有些情况下也采用摩擦角进行表征，而对于散粒物料来说，则需要依据不同的情况采用滑动摩擦角、滚动稳定角、休止角和内摩擦角等参数进行表征。

一、滑动摩擦角

滑动摩擦角表示散粒物料与接触固体相对滑动时，散粒物料与接触面间的摩擦特性，其正切值为滑动摩擦系数。滑动摩擦角和摩擦系数的测定方法通常有两种，一种是物料相对于给定摩擦表面移动；另一种是给定摩擦表面相对于物料移动。

测试不同散粒物料的滑动摩擦角对于工程应用实际具有重要的指导意义，是设计散粒物料运输、加工设备的重要基础数据，而依据散粒物料的性状尺寸参数、物理化学特性的区别，可以采用斜面仪、回转圆盘式测试仪、单纤维滑动摩擦系数测定仪等设备测试不同散体物料的滑动摩擦角。

斜面仪是属于前一种测定方法的常用装置，已用于水稻、谷粒、烟叶等多种散粒物料滑动摩擦角的测定。将散粒物料装入无底容器内并放置在斜面上，缓慢摇动手柄使斜面倾角逐渐增大。当物料刚开始在斜面上下滑时，该斜面的倾角即为静滑动摩擦角。当物料匀速下滑时的斜面倾角为动滑动摩擦角，后一种测定方法通常将物料放置在回转圆盘或水平移动的摩擦面上，如图 6-7 所示。

回转圆盘式测定仪通常将物料放置在回转圆盘或水平移动的摩擦面上，如图 6-8 所示。摩擦表面均以一定速度相对于物料运动，物料以其自重压在相应的摩擦面上。摩擦力可用弹

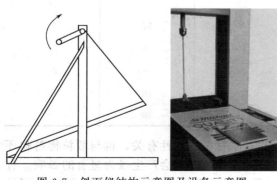

图 6-7　斜面仪结构示意图及设备示意图

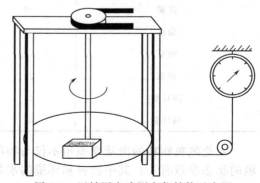

图 6-8　回转圆盘式测定仪结构示意图

簧秤、应变片或其他力传感元件组成的测力系统测量。这种方法已用于谷粒、茎秆、切碎饲料等动、静动摩擦系数的测定。

单纤维滑动摩擦系数测定仪（图 6-9）是用于测定单根纤维，如羊毛、棉花等物料的滑动摩擦系数。把单根纤维绕在包有摩擦表面的旋转圆筒上。根据下式算出滑动摩擦系数 f。

$$f = \frac{1}{\alpha} \ln \frac{F_2}{F_1}$$

式中，α 为包角；F_1 为给定力；F_2 为圆筒转速测定力。

平移式滑动摩擦系数测定装置，如图 6-10 所示。

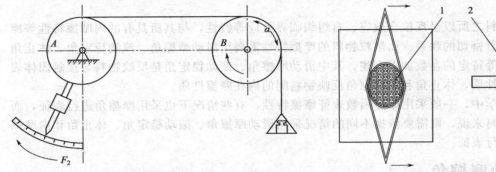

图 6-9　单纤维滑动摩擦系数测定仪结构示意图　　　　图 6-10　平移式滑动摩擦系数测定装置
　　　　　　　　　　　　　　　　　　　　　　　　　　　　1—试样；2—容器；3—配重

合理地采用上述专用测试设备，可以准确地测试不同农业散粒物料的滑动摩擦角，典型农业散粒物料滑动摩擦角如表 6-1 所示。

表 6-1　农业散粒物料滑动摩擦角
（粮食装卸输送机器，1984）

物料	滑动摩擦角 $\varphi/(°)$			
	钢板	木板	橡胶板	水泥板
小麦	22	28	30	32
大麦	25	32	33	31
稻谷	27	29	31	36
玉米	20	22	23	24
大豆	19	24	—	25
高粱	20	23	—	27
面粉	33	35	37	—
豌豆	14	15	19	26
蚕豆	20	24	—	26
向日葵	27	28	30	—
马铃薯	27	29	30	—

农业散粒物料的滑动摩擦角不仅与物料本身和对摩材料的特性有关，也与散粒物料和环境的状态参数有关，其中物料和环境的水含量对滑动摩擦角往往会产生极为显著的影响。有些实验表明，当谷物含水率超过 13% 时，在钢板和木板表面的静滑动摩擦系数随含水率增

大而增大，但对动滑动摩擦系数影响不大，如图 6-11 所示。

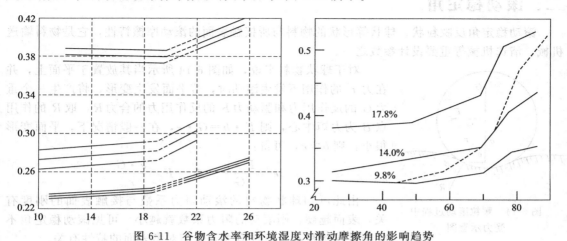

图 6-11　谷物含水率和环境湿度对滑动摩擦角的影响趋势

　　同时有研究表明，摩擦过程中的相对滑动速度和散粒物料所承受的压力也会对滑动摩擦角产生显著的影响，如图 6-12 所示。

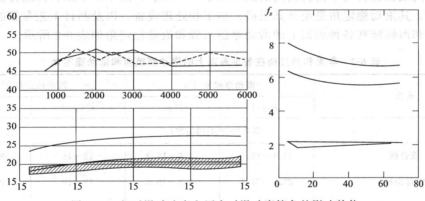

图 6-12　相对滑动速度和压力对滑动摩擦角的影响趋势

　　滑动摩擦角在农业生产、农业机械设计等方面有着重要的意义和基础作用，如在播种机械的设计生产中，种子的滑动摩擦系数越大，要求种箱导种板的倾角也就越大，并且要求排种器排出种子时其型孔所处位置的角度也越大，因而在设计中，应尽量降低滑动摩擦系数。包衣稻种滑动摩擦系数的高低决定了其流动性的好坏，其中，与塑胶板的滑动摩擦系数最低。在试验中选用的常用面板中，铁板和塑胶板较适合于包衣稻种播种机的种箱和排种器等与种子相接触的零部件的应用。再如，常用带式摩擦分选装置主要部件为一条具有一定倾角的回转带，物料自供料槽落到带上后，摩擦系数较大者由上辊轴处分出，摩擦系数较小的由下辊轴处落下，如图 6-13 所示。

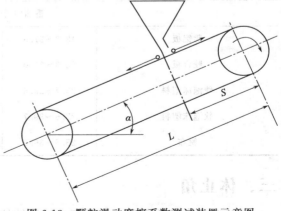

图 6-13　颗粒滑动摩擦系数测试装置示意图

二、滚动稳定角

滚动稳定角反映粒状、球状等形状的物料与所接触表面的滚动摩擦特性，它是物料输送机械、清选机械等重要设计参数之一。

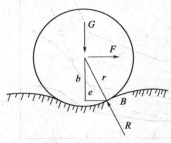

对于球状物料来说，如图 6-14 所示当其放置于平面上，并在力 F 的作用下发生滚动时，若平面发生变形，将产生一个重力 G 的反作用力和驱动力 F 的反作用力的合力 R，取 R 的作用点 B 为力矩中心，则 $F \cdot b = G \cdot e$，在一般情况下，平面变形很小，则 $b \approx r$，可得：

$$e = \frac{F \cdot r}{G} \quad \text{或} \quad F = \frac{e \cdot G}{r}$$

图 6-14　颗粒滚动过程中受力示意图

由此可知球状物料的滚动阻力系数与接触表面的刚度有关，表面越硬，则滚动的阻力系数就越小。可见滚动稳定角不仅与散粒物料本身特性有关，也与对磨表面的特性有关。

滚动稳定角也可以采用斜面仪进行测定。物料在斜面上开始下滚时的斜面倾角为滚动的静态稳定角；物料在斜面上匀速下滚时的斜面倾角为滚动的动态稳定角，可以通过更换斜面材质测定不同散粒物料与不同材料间的滚动稳定角。在农产品中，苹果和西红柿是较为典型的球状物料，其滚动稳定角是设计其采摘、加工和处理设备，以及制订工艺参数的重要基础数据。苹果和西红柿在各种表面上的滑动摩擦系数和滚动稳定角如表 6-2 所示。

表 6-2　苹果和西红柿在各种表面上的滑动摩擦角和滚动稳定角

表面	滑动摩擦角/(°)		滚动稳定角/(°)	
	静(φ_s)	动(φ_k)	静(φ_{0s})	动(φ_{0k})
苹果(6 个不同品种)				
胶合板	17.4～23.7	13.5～18.3	12～18	2.5～4.5
镀锌钢板	20.8～24.7	15.6～19.8	13～18	2.5～4.0
硬泡沫塑料	18.8～23.7	15.6～20.8	13～18	2.5～4.0
软泡沫塑料	35.8～42.9	28.6～36.9	11～16	4.0～5.0
帆布	19.8～23.7	14.0～19.8	12～16	4.0～5.0
番茄(4 个不同品种)				
薄铝板	18.3～27.5	15.6～21.8	7～11	3.6～4.8
胶合板	22.3～31.0	22.3～29.6	9～14	3.6～4.8
硬泡沫塑料	23.7～29.6	25.6～29.6	11～13	4.2～4.8
软泡沫塑料	37.6～39.7	34.2～38.3	11～13	4.2～4.8
帆布	25.6～36.9	26.1～33.8	13～14	4.8～7.0

三、休止角

休止角指散粒物料从一定高度自然连续地下落到平面上时，所堆积成的圆锥体母线与底平面的夹角。休止角反映了散粒物料的内摩擦特性和散落性能。当位于圆锥体斜面上的物料，它的重力沿斜面分力等于或小于物料间的内摩擦力时，则物料粒子在斜面上静止不动。休止角越大的物料，内摩擦力越大，散落性越小。

休止角受到农业散粒物料自身及环境多重因素的影响，对休止角产生显著影响的主要因素有以下几个。

（1）物料形状：粒子越接近于球形，其休止角越小。

（2）物料尺寸：对于同一种物料，粒径越小休止角越大。这是由于细小的粒子之间相互黏附较大的缘故。

（3）物料含水率：随含水率的增加而增大。这是因为每个粒子被潮湿的表层包围，使其内摩擦力和粒子间黏附作用增加。

（4）物料堆放的环境条件：如果对物料进行振动，则休止角减小。物料粒子越接近于球形，粒径越大，振动影响越显著。

颗粒在堆积过程中实际存在着多种复杂的运动状态，是由滑动摩擦和滚动摩擦共同决定的，通常情况下颗粒间可能存在 4 种相对运动，即相对静止（颗粒间切向接触力小于最大静滑动摩擦力，且颗粒间力矩小于最大静滚动摩擦力矩）、相对滑动（颗粒间切向接触力大于最大静滑动摩擦力，且颗粒间力矩小于最大静滚动摩擦力矩）、相对滚动（颗粒间切向接触力小于最大静滑动摩擦力，且颗粒间力矩大于最大静滚动摩擦力矩）、相对滑动和相对滚动同时存在（颗粒间切向接触力大于最大静滑动摩擦力，且颗粒间力矩大于最大静滚动摩擦力矩）。

农业散粒物料的休止角参数对于物料的运输、储藏等环节是重要的基础数据，而农业散粒物料具有多种多样的性状、尺寸、机械和摩擦学特性，针对不同物料的特性，也发展出不同的休止角测量方法和测量仪器，休止角的几种常用的方法如图 6-15 所示。

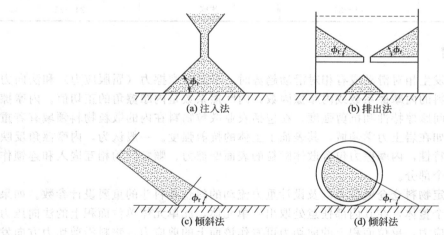

(a) 注入法　　(b) 排出法

(c) 倾斜法　　(d) 倾斜法

图 6-15　休止角的测量方法示意图

（1）注入法：散粒物料由漏斗流出落于平面上形成圆锥体，锥底角即为休止角，如图 6-16 所示。注入法也是应用最为广泛的休止角测量方法。

（2）排出法：散粒物料从容器底部排料口排出，待物料停止流动后物料倾斜面与底平面曲夹角即为休止角。

（3）倾斜法：将装有 1/3 散粒物料的长方形容器倾斜或将圆筒形容器流动，静止后物料表面所形成的角度为休止角。测量装置给定底直径 D，需测量物料高度 H，则休止角 $\alpha = \arctan(2H/D)$。

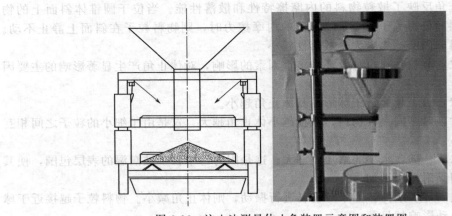

图 6-16　注入法测量休止角装置示意图和装置图

表 6-3 是部分常见农业物料的休止角数据。

表 6-3　部分常见农业物料的休止角数据

(种子贮藏简明教程，1980)

作物	休止角 $\varphi_r/(°)$	作物	休止角 $\varphi_r/(°)$
稻谷	35～55	大豆	25～37
小麦	27～38	豌豆	21～31
大麦	31～45	蚕豆	35～43
玉米	19～35	油菜籽	20～28
小米	21～31	芝麻	24～31

四、内摩擦角

　　散粒物料内部发生相对滑动或有相对滑动趋势时，平面上摩擦力（屈服应力）和法向力的比值称为散粒物料的内摩擦系数或内摩擦因数，内摩擦系数是内摩擦角的正切值。内摩擦角是反映散粒物料间摩擦特性和抗剪强度，在包括农业散粒物料在内的散粒物料领域有着重要的意义和作用，如在岩土力学领域，其表征了土体的抗剪强度。一般认为，内摩擦角反映了散粒颗粒的摩擦特性，内摩擦力包含散体颗粒的表面摩擦力、颗粒间的相互嵌入和连锁作用产生的咬合力两个部分。

　　内摩擦角是确定物料仓仓壁压力以及设计重力流动的料仓和料斗的重要设计参数。如果把散粒物料看成一个整体，在其内部任意处取出一单元体，此单元体单位面积上的法向压力可看作该面上的压应力，单位面积上的剪切力可看作该面上的剪应力。物料沿剪切力方向发生滑动，可以认为整体在该处发生流动或屈服。即散粒物料的流动可以看成与固体剪切流动破坏现象相类似。这样就可以应用莫尔强度理论来研究散粒物料的抗剪强度，进而得出确定内摩擦角的理论和方法。

　　德国工程师莫尔（O. mohr，1835—1918）在 1900 年结合 1773 年实验以及之后的完善和总结的基础上，提出了莫尔理论，其基本观点是，材料达到危险状态并发生破坏主要取决于剪切力，与正应力有一定关系。根据莫尔理论，如果散粒物料在二向应力作用下沿着某一个平面产生破坏，则在这个平面内存在着一定的正应力 σ 和剪应力 τ 的组合，如图 6-17 所示。破坏平面内的正应力 σ 和剪应力 τ 可由力平衡求出：

$$\sigma = \sigma_1\cos2\theta + \sigma_3\sin2\theta$$
$$\tau = (\sigma_1 - \sigma_3)\cos\theta\sin\theta$$

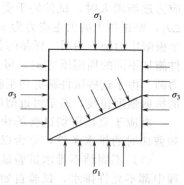

图 6-17 作用在散粒体立方单元上的应力

式中，σ_1 为最大主应力；σ_3 为最小主应力；θ 为破坏平面和最大主应力平面之间的夹角。

对同一种物料在不同的 σ_3 情况下做试验，可得出散粒物料发生破坏时的一系列 σ_1。莫尔圆和莫尔包络线相切的点表示散粒物料产生破坏时的平面方位及平面上的应力状态，它表示了散粒物料的强度条件。

莫尔包络线（图 6-18）可用下式表示。
$$\tau = c + \sigma\tan\varphi_i$$

式中，τ 为散粒体抗剪强度；c 为散粒体黏聚力；σ 为破坏平面上的正应力；φ_i 为内摩擦角。

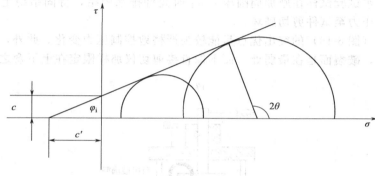

图 6-18 莫尔包络线绘制示意图

莫尔包络线和水平线的夹角即为散粒物料的内摩擦角 φ_i。莫尔包络线即表示散粒物料的剪切强度。如果表示物料内某点应力状态的莫尔圆落到莫尔包络线以下，则这个点的剪切应力是小于剪切强度，散粒物料不可能产生破坏和流动。莫尔包络线相切的任意莫尔圆表示一个非稳定状态。在非稳定状态时，用切点表示的平面上可能出现破坏。散粒体的剪切强度和内摩擦角可直接用图解法求出。它们的数值也可用莫尔圆方程直接求出。

测定散粒物料的内摩擦角，也需要依据物料的特性和环境条件选取合理的测试方法，以保证测试结果的准确性。目前，农业散粒物料的莫尔包络线可采用三轴压缩试验和直接剪切试验两种测定方法。

1. 三轴压缩试验

三轴压缩试验是从研究土壤剪切特性的装置发展起来的。采用此装置做散粒物料如谷粒的剪切试验时，将预先压实的谷粒封闭在橡胶薄膜中，并放进压缩室。压缩室内逐渐升压到预定的压力，轴向载荷通过万能试验机或其他加载装置施加到谷粒柱上。这样，谷粒柱在径向受到空气压力 σ_3 的压缩，在轴向受压缩空气压力和轴向载荷的共同作用，破坏时的 σ_1 值可通过记录仪测得。重复以上程序，即可得到不同的 σ_3 值时谷粒柱破坏的主应力 σ_1 值，从而得出了散粒物料在一定压实状态下的莫尔包络线。

常规试验方法的主要步骤是，将散体物料包覆橡胶薄膜内，放在密封的压力室中，然后向压力室内压入水，使试件在各个方向受到周围压力，并使液压在整个试验过程中保持不变，这时试件内各向的三个主应力都相等，因此不发生剪应力。然后再通过传力杆对试件施加竖向压力，这样，竖向主应力就大于水平向主应力，当水平向主应力保持不变，而竖向主应力逐渐增大时，试件终于受剪而破坏。设剪切破坏时由传力杆加在试件上的竖向压应力为 $\Delta\sigma_1$，则试件上的大主应力为 $\sigma_1 = \sigma_3 + \Delta\sigma_1$，而小主应力为 σ_3，以（$\sigma_1 - \sigma_3$）为直径可画出一个极限应力圆，用同一样品的若干个试件（三个以上）按以上所述方法分别进行试验，每个试件施加不同的周围压力 σ_3，可分别得出剪切破坏时的主应力 σ_1，将这些结果绘成一组极限应力圆。由于这些试件都剪切至破坏，根据莫尔理论，作一组极限应力圆的公共切线，即为土体的抗剪强度包线，通常可近似取为一条直线，该直线与横坐标的夹角即为土体的内摩擦角 φ_i。

对应于直接剪切试验的快剪、固结快剪和慢剪试验，三轴压缩试验按剪切前的固结程度和剪切时的排水条件，分为以下三种试验方法。

（1）不固结不排水试验试样在施加周围压力和随后施加竖向压力直至剪切破坏的整个过程中都不允许排水，试验自始至终关闭排水阀门。

（2）固结不排水试验试样在施加周围压力 σ_3 打开排水阀门，允许排水固结，待固结稳定后关闭排水阀门，再施加竖向压力，使试样在不排水的条件下剪切破坏。

（3）固结排水试验试样在施加周围压力 σ_3 时允许排水固结，待固结稳定后，再在排水条件下施加竖向压力至试件剪切破坏。

三轴压缩仪（图 6-19）的突出优点是能较为严格地控制压力变化。此外，试件中的应力状态也比较明确，破裂面是在最弱处，而不像直接剪切仪那样限定在上下盒之间。

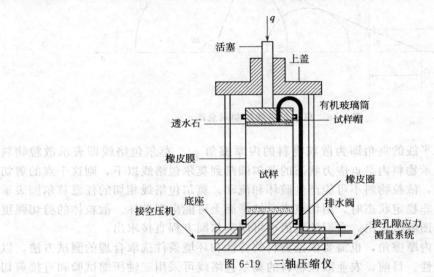

图 6-19　三轴压缩仪

2. 直接剪切试验

直接剪切试验是通过在预定的剪切面上分别直接施加法向压力和剪应力求得散粒物料的抗剪强度和内摩擦角等参数的试验，是一种快速有效求抗剪强度指标的方法，在一般工程中普遍使用。直接剪切试验仪一般由剪切槽、加载装置和记录仪三个基本部分组成。剪切槽包括底座、剪切环和顶盖。法向压力利用垂直作用的压实载荷，剪切作用力通过电或机械传动装置施加于剪切环。传动装置上装有力传感器或测力计，用于测量作用在底座和剪切环间接触平面内的剪应力。

直接剪切仪分为应变控制式和应力控制式两种，前者是等速推动试样产生位移，测定相应的剪应力，后者则是对试件分级施加水平剪应力测定相应的位移，一般广泛采用的是应变控制式直剪仪，该仪器的主要部件由固定的上盒和活动的下盒组成，试样放在盒内上下两块透水石之间。试验时，由杠杆系统通过加压活塞和透水石对试件施加某一垂直压力 σ，然后等速转动手轮对下盒施加水平推力，使试样在上下盒的水平接触面上产生剪切变形，直至破坏，剪应力的大小可借助与上盒接触的量力环的变形值计算确定。

对同一种散体物料样品一般至少取 4 个试样，分别在不同垂直压力 σ_3 下剪切破坏，将试验结果绘制成的抗剪强度 τ_f 和垂直压力 σ 之间关系，即可得到内摩擦角和内摩擦系数。

图 6-20 和图 6-21 分别为直接剪切仪结构示意图和实物图。图 6-22 为测试结果曲线图，图 6-23 为散粒物料在剪切试验中颗粒运动的示意图和应力分布示意图。

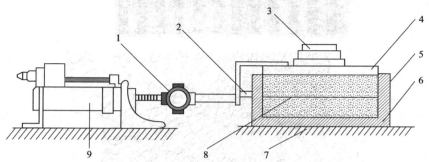

图 6-20　直接剪切仪结构示意图

1—测力仪；2—加载杆；3—压实载荷；4—顶盖；5—剪切环；
6—底座；7—底平面；8—剪切平面；9—加载装置

图 6-21　直接剪切仪实物图

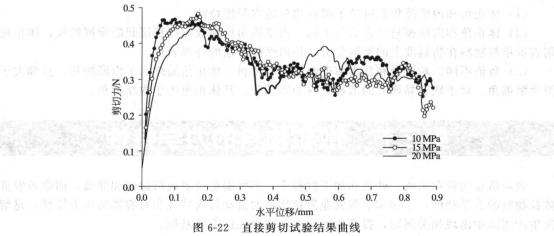

图 6-22　直接剪切试验结果曲线

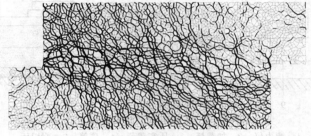

图 6-23　直接剪切试验物料运动和应力示意图

一些农业物料的内摩擦角的数值如表 6-4 所示。

表 6-4　农业物料的内摩擦角

（粮食装卸输送机械，1984）

物料	内摩擦角 φ_t/(°)	物料	内摩擦角 φ_t/(°)
小麦	33	面粉	50
大麦	35	豌豆	25
稻谷	40	蚕豆	38
玉米	25	油菜籽	25
大豆	31	向日葵	45
高粱	34	马铃薯	35

上述几个散粒物料的摩擦学特征参数之间存在着内在的联系和相互影响关系，如休止角与内摩擦角之间存在着紧密的联系，但又有一定的区别，以表征散粒物料不同的特性。

（1）休止角和内摩擦角都反映了散粒物料的内摩擦特性。

（2）休止角和内摩擦角两者概念不同。内摩擦角反映散粒物料层间的摩擦特性，休止角则表示单粒物料在物料堆上的滚落能力，是内摩擦特性的外观表现。

（3）数值不同。对质量和含水率近似的同类物料，休止角始终大于内摩擦角，且都大于滑动摩擦角。对于缺乏黏聚力的散粒物料如砂子等，其休止角等于内摩擦角。

第三节　散粒物料的力学特性

农业散粒物料在采收、处理和加工过程中，不可避免地要进行运输和储藏，而学习农业散粒物料的力学特性，了解和掌握农业散粒物料的流动行为特性和对容器的压力特性，是解决生产实际中出现相关问题，提高生产效率和安全性的重要基础。

流动是包括农业散粒物料在内的散粒物料的主要输送方式之一，而物料的流动特性及其机理是设计输送设备、制订工艺方法参数的基础。因此，了解和掌握农业散粒物料的流动特性对农业生产生活有着重要的指导意义。

了解和学习农业散粒物料的流动特性，可以从了解料仓（斗）内散粒物料的流动特性入手。料仓（斗）是处理散粒物料的主要装备。料仓（斗）应能容纳一定体积的物料并以规定的速率在所要求的时间内排料。料仓（斗）设计不合理将会导致流动中断、扰动流并形成死区和离析等问题，成为设计和使用中面临的主要问题。农业散粒物料在料仓（斗）的流动情况不但受物料本身的物理特性，如粒度、密度、擦特性、黏聚性的影响，而且与料仓（斗）的尺寸、锥顶角及内部设施等因素有关。

物料在料仓（斗）中的流动过程两种形式，即整体流和漏斗流。

1. 整体流

若散粒物料在料仓或流斗内能像液体那样在不同高度上同时均匀全部地向下流动，则称为整体流，如图 6-24（a）所示。整体流动时无论中心部分还是靠料斗壁处的物料都充分流动，先装进的物料先流出来，使物料迅速排空而无死区存在。

2. 漏斗流

如果散粒物料在料仓和料斗的中心部分产生漏斗状的局部流动，而周围其他区域的物料停滞不动，则称中心流或漏斗流，如图 6-24（b）所示。漏斗流流动时，先装进去的物料后流出来，漏斗状通道周围的静止物料形成死区，减少了料仓的有效空间。在狭窄的漏斗状通道中流动不稳定，速度不均匀，容易在料斗内"结拱"，引起流速变化或断流。

散粒物料在料仓中流动过程中出现的整体流和漏斗流现象，与散粒物料的流动特性密切相关，而了解散粒物料的流动特性离不开对其准确的测试和分析。散粒物料在流动过程中，其内摩擦角等特征参数对流动特性起到了显著的影响作用，而对散粒物料的流动特性的测试也可以通过直接剪切试验来研究。具体测试方法如下。

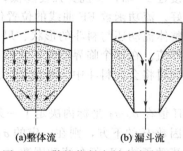

(a)整体流　　(b)漏斗流

图 6-24　散粒物料在料仓中出现的整体流和漏斗流示意图

利用直接剪切仪在散粒体表面加预压实载荷 N_0，在 N_0 作用下进行剪切，测出流动剪切力 S_0，然后，以小于预压实载荷 N_0 的各个载荷 N_1，N_2，…进行剪切试验，测出各个载荷所对应的流动时剪切力 S_1，S_2，…。根据各组数据可在剪切应力 τ 和正应力 σ 坐标上确定一条光滑曲线，称为屈服轨迹。该屈服轨迹的终点位于 (τ_0, σ_0)，其中 $\sigma_0 = N_0/A$，$\tau_0 = S_0/A$，A 为剪切面积。过 (τ_0, σ_0) 点与屈服轨迹相切的莫尔圆和 σ 轴的最大交点值 σ_1 称为最大主应力，与屈服轨迹相切并过原点的莫尔圆与 σ 轴交点值为 σ_e，称为无侧限屈服应力。无侧限屈服应力是表示在该压实条件下，侧向压力为零（$\sigma_3 = 0$）时的主应力。

屈服轨迹的位置取决于散粒物料的压实程度。在剪切试验中，每变换一个预压实载荷 N_0，可以得到一条不同的屈服轨迹，构成屈服轨迹组。较大的压实载荷，其屈服轨迹延伸较远。未经压实的散粒物料，其屈服轨迹落到坐标原点上。将屈服轨迹各终点连接起来，可得到一条稳定线。它表示在不同预压实状态下，散粒物料的流动条件。如果物料的某一受力情况在稳定流动线以下，则它不会产生剪切流动；反之，则会发生剪切流动。

图 6-25 为屈服轨迹与散粒流动性关系示意图，由图可知，每一个预压实载荷对应于一个最大主应力 σ_1 和无侧限屈服应力 σ_c。无侧限屈服应力 σ_c 是同一压实条件下最大主应力 σ_1 的函数，即

$$\sigma_c = f(\sigma_1)$$

这一关系称为流动函数，用 FF 表示，即

$$FF = \frac{d\sigma_1}{d\sigma_c}$$

流动函数 FF 仅和物料的特性有关，如物料的内摩擦角、黏聚力、含水率及压实程度等，它反映了散粒物料的流动能力。FF 值越大，流动性越好。

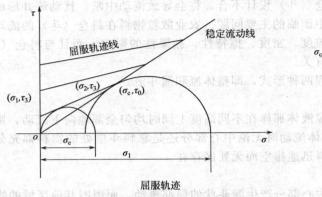
图 6-25　屈服轨迹与散粒流动性关系示意图

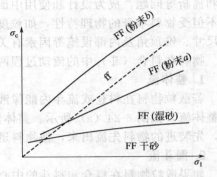
图 6-26　不同物料的流动函数 FF 曲线

将试验所得的各组 σ_1 和 σ_c 在 σ_c-σ_1 坐标上可绘制成 FF 曲线，如图 6-26 所示。曲线越接近 σ_1 轴，其抗剪强度越低，而且随物料压实程度增加，剪切强度增加缓慢，故流动性越好。流动函数 FF 曲线的位置仅由物料自身的流动性所决定，但散粒物料能否在料斗内形成整体流动还与料斗的形状、尺寸等有关。对于给定的物料和料斗，总是存在一个 σ_1/σ_c 的临界值。在这个临界值时，物料被卡住，流动中止。实际物料的 σ_1/σ_c 值大于这个临界值时，物料将会在料斗中不断流动，这一临界值称为流动因数，用 ff 表示，即

$$ff = (\sigma_1/\sigma_c)_{临界}$$

ff 值在 σ_c-σ_1 坐标内决定了一条直线，其斜率为 1/ff。则可知，如果流动函数 FF 落在流动因数 ff 的下方，则在一定的 σ_1 时物料的 σ_c 小于 $(\sigma_c)_{临界}$，流动是稳定的不会中断。反之，流动函数 FF 落在流动因数 ff 上方，则在一定的 σ_1 时物料的抗剪强度大于产生流动的临界值 $(\sigma_c)_{临界}$，物料有足够强度支持自身重量而固结在一起，使流动中断。这种现象正是本章开始所介绍的散体物料成拱现象，落粒拱从外观上看好像是物料在排料口上方形成的拱桥。结拱是由于物料粒子之间及粒子和容器之间的摩擦、黏聚和黏附作用而产生的。散粒物料的位径越小、粒子形状越复杂、重度越小、内摩擦角和含水率越大，则落粒拱现象越严重。

而重新回到料仓（斗）内物料的流动问题，基于上述分析和理论计算可知，料斗排料口越小、锥顶角越大、表面越粗糙，则越容易造成结拱。同时研究者发现，散粒物料颗粒的力学性能对于成拱现象也有着显著的影响，有研究者采用计算模拟的方法研究了硬质物料在料仓（斗）向下卸料过程中接触力的变化，如图 6-27 所示，可见在卸料之前接触力线与立壁垂直，卸料开始瞬间的结拱（上图）与破坏（下图），立壁垂向作用加强产生动态摩擦，稳定卸料过程（被动状态）仓壁作用力锐减。

可见结拱现象的成因和影响因素十分复杂，目前还不能从根本上解决，只能采取措施减少落粒拱现象。防止结拱的办法有以下几种：

（1）加大排料口尺寸。

（2）减小料斗锥顶角。

（3）尽量使料斗光滑，减小摩擦力。

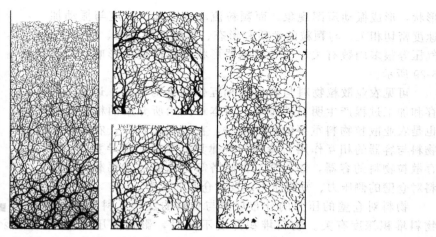

图 6-27　结拱过程中散粒物料的应力分布示意图

（4）将料斗做成非对称形或在料斗内加纵向隔板，以形成左右非对称性，可有效地破坏物料受力后形成的稳定静止层。

（5）在排料口上方加锥体结构，以减小排料口承受的物料压力。

（6）在料斗中悬吊链条或安装振动器。

农业散粒物料的流动特性还影响到本章开始所述的巴西果效应和振动分离效应。非均匀的农业散粒物料在受震动时，由于物料的流动特性，会产生对流现象，其中上升对流使大颗粒运动到上层，向下对流不能带动大颗粒向下运动，产生了巴西果效应和振动分离作用，而巴西果效应和振动分离作用与颗粒的尺寸、质量密切相关，与振动条件和气压等因素有关。图 6-28 为对混合物料振动分离过程的仿真模拟。

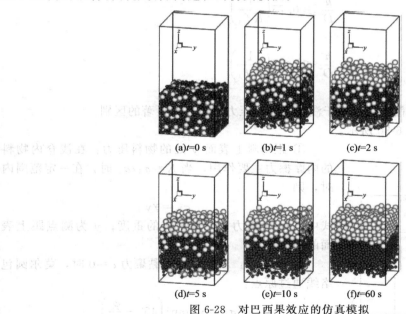

图 6-28　对巴西果效应的仿真模拟

农业散粒物料的流动特性还会对本章开始所述的物料振动斑图现象产生影响。散粒物料在振动条件下，当外界输入能量超过颗粒间碰撞耗散能量时，局部颗粒发生失稳，而当振动加速度超过临界值时，颗粒开始相对运动，物料内部发生局部流动，表面呈现倾斜或起伏等形状，形成振动斑图现象。而颗粒流动的方向、速度与振动加速度密切相关，与颗粒的性质和形态、颗粒层的厚度、倾斜度、气压等很多因数有关，也受到容器形状和粗糙度的影响，如图6-29所示。

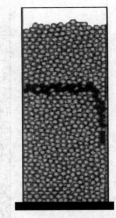

图6-29 容器粗糙度对散粒物料振动过程中流动行为的影响（图中所示容器左侧壁为光滑，右侧壁为粗糙）

可见农业散粒物料与容器的相互作用会对收获、运输、储存和加工过程产生明显的影响，而本章开始所介绍的粮仓效应也是农业散粒物料重要的特性之一，在工程实践中，农业散粒物料与容器的相互作用力特性和规律具有重要的指导意义。储存散粒物料的容器，如谷仓、青储塔等所承受的主要载荷有物料对仓壁的侧压力、垂直压力以及对仓底的压力。

物料对仓壁的压力的分布规律与物料的性质、料仓形状、物料堆积深度有关。物料堆积深度不同时，影响测压力的主要因素也不同。因此，浅仓的压力与深仓的压力分布规律不同。

对于浅仓和深仓的区分方法，主要有以下几种定义方法。

（1）以料仓当量直径定义：若物料深度为 h，料仓的当量直径 D_e，则当 $h \leqslant D_e$ 时为浅仓，$h > D_e$ 时为深仓。料仓当量直径为液力半径的4倍。料仓液力半径为料仓横截面积和料仓周长之比。

（2）以休止角定义：从仓壁和底板的交点画一条与底平面夹角等于物料休止角的直线。当这直线和对面仓壁交点位于物料上表面的下方则为深仓，反之则为浅仓。

（3）以物料静滑动摩擦系数的压力比定义：若物料深度为 h，圆仓直径为 D，则满足下式时为深仓：

$$\frac{h}{D} \geqslant 0.75\left(\frac{1}{Kf_s}\right)$$

满足下式时为浅仓：

$$\frac{h}{D} < 0.75\left(\frac{1}{Kf_s}\right)$$

经过分析研究发现，散粒物料对于浅仓的深仓压力分布具有显著的区别。

浅仓内压力分布如图6-30所示。

① 距物料上表面 y 处的物料压力：在浅仓内物料的内摩擦力主要作用，当 $K = \sigma_3/\sigma_1$ 时，在一定范围内时，则

$$\sigma_1 = \gamma y$$

式中，σ_1 为压力；γ 为物料的重度；y 为测点距上表面的距离。

② 侧压力：当散粒物料黏聚力 $c = 0$ 时，莫尔圆包络线通过原点：

$$\sigma_3 = y\gamma\tan^2\left(45° - \frac{\varphi_i}{2}\right)$$

式中，σ_3 为距离物料上表面 y 处的侧压力；γ 为物料的重度；φ_i 为物料的内摩擦角。

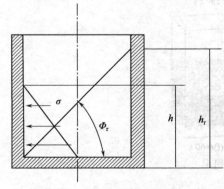

图6-30 浅仓内压力分布示意图

③ 侧压力的合力 F：作用在距物料表面2/3壁高处。

$$F = \frac{\gamma}{2}h^2 \tan^2\left(45° - \frac{\varphi_i}{2}\right)$$

深仓内压力分布如图 6-31 所示。

当容器为深仓时，需考虑容器壁对散体物料所产生的摩擦力，因此在分析深仓压力时，一般采用微分方法进行研究。在距物料上表面 y 处取出的微小物料层，受力见图 6-31。

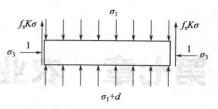

图 6-31　深仓内 dy 段物料层受力图

若物料横截面积为 A，周长为 C，液力半径为 R_h，则受力平衡方程为：

$$\sigma_1 A + yA\,\mathrm{d}y = (\sigma_1 + \mathrm{d}\sigma_1)A + f_s K\sigma_1 C\,\mathrm{d}y$$

初始条件 $y=0$，$\sigma_1=0$，积分得：

$$\sigma_1 = \frac{\gamma R_h}{Kf_s}(1 - \mathrm{e}^{-\frac{Kf_s y}{R_h}})$$

$$\sigma_3 = K\sigma_1 = \frac{\gamma R_h}{f_s}(1 - \mathrm{e}^{-\frac{Kf_s y}{R_h}})$$

物料与容器壁面所产生的摩擦力为：

$$F = \frac{\gamma A R_h}{Kf_s}\left[\frac{Kf_s h}{R_h} - (1 - \mathrm{e}^{-\frac{Kf_s h}{R_h}})\right]$$

物料对仓底的总压力为：

$$P = G - F$$

本章开始所介绍的粮仓效应是上述散粒物料与容器之间作用力特征的体现。Janssen 提出了连续介质模型，假定竖直方向压力对粮仓壁产生横向分量，颗粒与仓壁的摩擦力支撑了部分垂直压力，即满足以下表达式。

$$P(z) = P_m[1 - \exp(-z/\lambda)]$$

$$\lambda = \frac{R}{2\mu_w k}$$

式中，$P(z)$ 为粮仓底部竖直方向压强；P_m 为相应位置处的饱和压强；z 为堆积高度；λ 为相关长度；R 为粮仓半径；μ_w 为粮食颗粒与粮仓壁面间摩擦系数；k 为压力转向系数（约为 0.3）。

上述模型表明，存在一个临界深度即特征长度 λ，当堆积高度 $z<\lambda$ 时，$P(z)$ 值接近于流体力学中的静水压力值；而当 $z>\lambda$ 时，即在颗粒层很深的地方，容器底部压力 P 趋于饱和 $\rho g\lambda$ 值，不再明显增加。这就是俗称的"粮仓效应"。

第七章　农业物料的热学特性

农产品销售之前要经受各种类型的热加工，包括加热、冷却、干燥、冰冻等。产品的温度变化在很大程度上取决于它本身的热特性。农产品加热或冷却可采用对流、传导和辐射等方式完成。比热、热导率、导温系数、对流换热系数、热辐射系数等一类热特性参数和密度、形状和尺寸等基本物理参数一样对于农业物料热加工过程是必不可少的基本参数。缺乏物料的热容量资料就无法对加热或冷却系统的热平衡进行计算。在加热和冷却过程中为保持物料品质，必须限制物料的温度，这同样要了解物料的热特性。农业物料的热学特性随成分、物理结构、物质状态、含水率、温度的变化而改变。

第一节　传热的基本形式

热传递是改变物体内能的一种方式，是热从温度高的物体传到温度低的物体，或者从物体的高温部分传到低温部分的过程。热传递是自然界普遍存在的一种自然现象。只要物体之间或同一物体的不同部分之间存在温度差，就会有热传递现象发生，并且将一直继续到温度相同时为止。发生热传递的唯一条件是存在温度差，与物体的状态、物体间是否接触都无关。热传递的结果是温差消失，即发生热传递的物体间或物体的不同部分达到相同的温度。

在热传递过程中，高温的物体放出热量，温度降低，内能减少，低温物体吸收热量，温度升高，内能增加。因此，热传递的实质就是能量从高温物体向低温物体转移的过程，这是能量转移的一种方式。热传递转移的是热量，而不是温度。热传递有三种基本形式，即热传导、热对流和热辐射。这三种传热形式可以同时存在。

一、热传导

热量从温度较高的一部分沿着物料传到温度较低的部分的方式叫作热传导（thermal conduction），也称为导热。导热过程是物料在不发生位移的情况下，借助物质分子、原子、电子的扩散、碰撞和晶格的振动，使热能从同一物料温度较高的部分传递到温度较低的部分，或者从相接触的温度较高的物料传递给温度较低的物料。物料内部或物料之间的温度差，是导热的必要条件。或者说，只要介质内或者介质之间存在温度差，就一定会发生传热。导热可以在固体物料中，也可以在流体物料中发生，甚至还可以在固体与流体物料间发生。但是，在静止的液体或气体层中才会发生导热。温度增加时，由于温度不均而造成的密度差异会引起液体或气体的相对位移，这时的热传递就不是单纯的导热。

导热过程可以分为稳态导热和非稳态导热。稳态导热是指导入物料的热流量等于导出物料的热流量，物体内部各点温度不随时间而变化的导热过程。非稳态导热是指导入和导出物料的热流量不相等，物料内任意一点的温度和热含量随时间而变化的导热过程，也称为瞬态导热过程。非稳态导热过程是物料本身对外界热量存储和传递的过程。当物料结束自身储存热量的过程，非稳态导热过程就过渡到稳态导热过程，或物料与周围环境处于等温状态。

（一） 温度场（temperature field）

物体各部分温度不均匀时，无法用一个温度来表示物体的冷热程度，只能用温度场进行描述。温度场是指 x、y、z 三维坐标系中物体各点在同一时刻的温度分布，一般情况下温度是坐标 x、y、z 和时间 τ 的函数，其数学表达式为：

$$t = f(x, y, z, \tau) \tag{7-1}$$

若温度分布不随时间而改变，则称为稳定温度场，其数学表达式为：

$$t = f(x, y, z) \tag{7-2}$$

稳定温度场中发生的导热为稳态导热。实现稳态导热的条件是不断地向物体的高温部分补充热量，同时也不断地从低温部分取走相等热量，以维持温度场不随时间改变。若温度只在两个或者一个坐标方向变化，这样的温度场称为二维或者一维温度场，其数学表达分别为 $t = f(x, y)$ 和 $t = f(x)$。一维温度场是最简单的温度分布。

（二） 等温线和等温面（isotherms and isothermal surface）

通常利用等温线或等温面对温度场进行直观和形象的描述。等温线或等温面是温度相同的各点连接而成的曲线或曲面。等温面上的任意一条曲线都是等温线。用一个平面和一组等温面相交，其交线为温度各不相同的一组等温线。图 7-1 为一圆形物料在某种状态下的等温线分布。同一时刻物料中温度不相等的等温线或等温面绝不会相交，因为物料中任意一点在同一时刻不可能有两个温度。

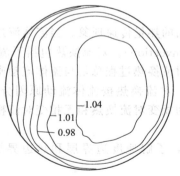

图 7-1　等温线分布

（三） 温度梯度（temperaturegradient）

由于温度相同，同一等温面上不可能有热量的传递。热量只能从温度较高的等温面向温度较低的等温面传递。温度场中任意点的温度沿等温面法线方向在温度增加方向的变化率称为温度梯度。

$$\mathrm{grad}\,t = \lim_{\Delta n \to 0} \frac{\Delta t}{\Delta n} = \frac{t}{n} \tag{7-3}$$

式中，n 为法线；t 为温度。对于一维稳定温度场，温度梯度为：

$$\text{grad}t = \lim_{\Delta x \to 0} \frac{\Delta t}{\Delta x} = \frac{\mathrm{d}t}{\mathrm{d}x} \qquad (7\text{-}4)$$

（四）傅里叶定律（Fourier's Law）

物体中存在温度梯度时就会发生热量的转移，而单位时间内通过某一面积的热量称为热流量，记为 Φ，单位为 W；单位时间内通过单位面积的热量称为热流密度或热通量，记为 q，单位为 W/m²。显然 $q = \Phi/A$。

傅里叶定律指出，发生导热时，单位时间内通过单位面积传递的热量与导热面法线方向的温度梯度成正比。傅里叶定律描述了导热的基本规律，又称为导热基本定律，同时也是 q 和 Φ 的计算式。

$$q \propto \frac{t}{n} \qquad (7\text{-}5)$$

加入比例常数后可以写成：

$$q = -K \frac{t}{n} \qquad (7\text{-}6)$$

对于热流量则有：

$$\Phi = qA = -KA \frac{t}{n} \qquad (7\text{-}7)$$

式中，K 为热导率，表征材料的导热能力，W/（m·K）或 W/（m·℃）；A 为传热面积，m²。式中的负号表示热量传递的方向与温度梯度的方向相反。温度梯度是温度增加方向的变化率，而热量则从物体温度较高的部分向温度较低的部分传递。

对于一维导热，傅里叶定律的数学表达式表现为最简单的形式：

$$q = -K \frac{\mathrm{d}t}{\mathrm{d}x} \qquad (7\text{-}8)$$

二、热对流

对流换热是流体与固体表面的热量传递现象。当流体流过固体表面时，如果存在温度差就会发生对流换热（thermal convection）。对流换热包括了流体对壁面加热和壁面对流体加热两种情况。无论何种情况，对流换热过程总是与流体流动密切相关，并受到流体流动的影响。这是对流换热的显著特征。对流换热按流体流动原因分为强制对流换热和自然对流换热；按流体是否有相变发生分为相变对流换热和无相变对流换热。所有这些换热现象在工业生产中都有着广泛的应用。

对流换热的机理十分复杂，了解速度边界层和热边界层概念将有助于对换热机理的理解。

（一）速度边界层（velocity boundary layer）

黏性液体类农业物料，如花生油、果汁等以均匀速度 u_∞ 流过固体壁面时，由于黏性力的作用在靠近壁面的地方形成一个速度变化十分显著的薄层，称为速度边界层（图7-2），有如下特点。

（1）速度边界层从固体壁面前沿开始形成，即 $x=0$ 处 $\delta=0$；并沿着流动方向逐渐加厚，但 δ 的绝对值较小。

（2）速度边界层外沿，流体速度与主流速度 u_∞ 相同，越近壁面速度越低，直至壁面处速度为零，稳定流动能量方程不再适用。

（3）速度边界层内沿法线方向速度梯度也在发生变化，$y=0$ 时速度梯度最大，随着 y

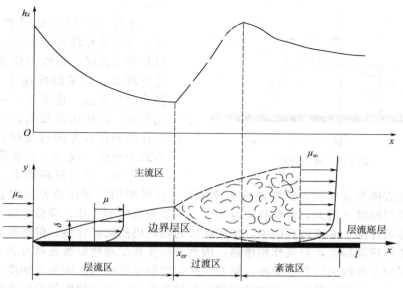

图 7-2　速度边界层及其分区

的增加速度梯度逐渐减少。其原因在于与壁面的距离越大，流体黏性力的作用越小。

由于速度边界层的存在，液体物料的流动分成了两个区域，即边界层区和边界层以外的主流区。主流区内黏性的影响可以忽略不计，速度均匀一致，稳定流动能量方程仍然适用。

当黏性流体流过固体壁面时，将在壁面形成速度边界层，速度边界层分为层流区、过渡区和紊流区三个阶段（图 7-2）。紊流区边界层底部有一个层流底层，其间速度梯度很大。无论在哪一个阶段，速度边界层的厚度都定义为流体速度 u 达到主流速度 $u\infty$ 的 99％ 的位置到壁面的垂直距离。而流型发生转变之处，即过渡区的前端到平板前缘的距离称为临界距离，记为 x_{cr}，其值取决于临界雷诺数（Reynolds number）Re_{cr}。

$$Re_{cr} = \frac{u\infty x_{cr}}{v} \tag{7-9}$$

式中，$u\infty$ 为主流速度；x_{cr} 为流型开始转变之处到壁面前沿的距离；v 为运动黏度。

所有的参数取同一单位制时，雷诺数是无量纲数，或称为无因次数。任意位置的雷诺数为：

$$Re_{x} = \frac{u\infty x}{v} \tag{7-10}$$

临界雷诺数并非一个定值，这就意味着不同情况下的层流边界层不会在同一雷诺数下开始转换流型。临界雷诺数之值与壁面粗糙度、主流紊流度等有关。

（二）热边界层（thermal boundary layer）

温度为 $t\infty$ 的液体物料流过温度为 t_w 的固体壁面时，由于 $t\infty \neq t_w$，流体与固体壁面发生热交换，在靠近壁面处会形成一个温度显著变化的薄层，称为热边界层或温度边界层（图 7-3）。热边界层内温度由 $y = \delta_t$ 处的 $t\infty$ 迅速变化为 $y = 0$ 处的 t_w。δ_t 为热边界层厚度，定义为 $t - t_w = 0.99(t\infty - t_w)$ 处到壁面的垂直距离。t 为热边界内流体温度，δ_t 沿流动方向逐渐增加，热边界外主流温度为 $t\infty$。

速度边界与热边界层的厚度，δ 与 δ_t 不一定相等，二者相对大小取决于普朗特数（Prandtl number）P_r，这也是一个无量纲数。$P_r = v/a$，v 为运动黏度，反映动量扩散的能力；a 为热扩散率，反映热扩散的能力。$P_r = 1$，则 $\delta = \delta_t$；$P_r > 1$，则 $\delta > \delta_t$；$P_r < 1$，

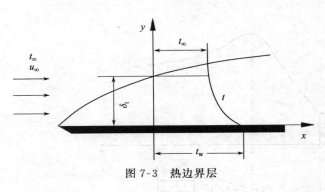

图 7-3　热边界层

则 $\delta < \delta_t$。

速度边界层是动量扩散的主要区域，对换热有较大的影响。速度边界层以外的主流区，黏性力作用很小，流体速度较高，热量的传递主要依靠对流，换热比较强烈。速度边界层内黏性力作用很强，流体速度较低且分布不均，流体在壁面法线方向对流较弱，主要传热方式为导热。液体类农业物料的热导率一般不高，导热热阻较大。因而速度边界层的传热是流体与壁面间对流换热的主要障碍。这种影响在层流边界层中表现得尤为突出。层流边界层厚度 δ 越大，换热热阻越大。为了增强物料的传热，应设法减小层流边界层的厚度或破坏边界层。紊流边界层中，层流底层的换热仍然依赖导热。但层流底层以外紊流核心部分的流体扰动较大，对流作用增强。因此，层流底层越薄对换热越有利。

热边界层内存在较大的温度梯度，是发生热扩散的主要区域。而温度梯度又与速度梯度有着密切的关系。层流边界层中速度梯度的变化较为平缓，温度梯度的变化也较平缓。紊流边界层中，层流底层速度梯度较大，温度梯度也较大；紊流核心由于扰动所造成的混合作用有利于动量传递，进而促进了热量传递，速度梯度和温度梯度都比较小。实际上热量传递受到动量传递的影响，热边界层又受到速度边界层的影响。真正影响对流换热的是速度边界层，而速度边界层的形态和厚度又与流体性质、速度和壁面状况等有关。

（三）牛顿冷却公式（Newton's Law of cooling）

牛顿冷却公式简称为牛顿公式，是牛顿于 1702 年提出并被普遍接受和广泛使用的对流换热计算公式，同时也是表面传热系数 h 的定义式。该式表明，对流换热传递的热量与传热面积、表面传热系数及温度差成正比。

$$\Phi = Ah\,(t_w - t_f) \tag{7-11}$$

$$q = h\,(t_w - t_f) \tag{7-12}$$

$$h_x = \frac{q_x}{(t_w - t_f)_x} \tag{7-13}$$

式中，A 为换热面积；t_w 为固体表面平均温度；t_f 为流体温度，对于液体物料掠过平板、圆管、管束等外部绕流，t_f 为流体主流温度，即 t_∞，对于管内流动等内部流动，t_f 可取流体的平均温度；h 为整个固体表面的平均表面传热系数，其物理意义为单位温度差条件下单位固体表面积上依靠对流换热所传递的热量，$W/(m^2 \cdot K)$；h_x 为局部表面传热系数。

$$\Phi = \int_A q_x \, dA = \int_A h_x\,(t_w - t_f)_x \, dA \tag{7-14}$$

在边界层的层流和紊流区，由于边界层厚度的增加，h_x 呈下降的趋势。在过渡区，随着流体扰动的加剧，对流换热方式的作用逐渐增大，h_x 迅速上升。

三、热辐射

物体因某种原因向外发射能量的现象称为辐射，发射的能量称为辐射能。物体因其本身的内热能而对外发射辐射能的现象称为**热辐射**。温度是物体内热能的标志。实际物体无论温度高低，只要温度高于 0K 都有热辐射的能力。温度越高物体的内热能越大则热辐射的能力越强。物体在进行热辐射时将内热能转化为辐射能。物体同时又有吸收热辐射的能力，在吸收过程中将辐射能转化为自身的内热能。

（一） 辐射换热（thermal radiation）

根据电磁波理论，辐射能是由电磁波传递的。按波长的范围，电磁波可分为不同的射线。在常见的温度范围内，热辐射的波长在 $0.1 \sim 100\mu m$ 之间。当物体之间存在温差时，以热辐射的形式实现热量交换的现象称为辐射换热。

（二） 黑体（black body）

当辐射能 G 投射到一物体表面时，一部分（G_ρ）被反射，一部分（G_α）被物体吸收，另有一部分（G_τ）被透射（图7-4）。物体吸收、反射和透射的能量与投射到该物体表面的辐射能之比分别称为吸收率、反射率和透射率，并记为 α，ρ 和 τ。一般工程材料，α 和 ρ 值均在 0 与 1 之间。如果 $\alpha=1$，表示投射到这种物体上的辐射能被该物体全部吸收，这种物体称为黑体。然而黑体只是一个理想化的概念，自然界中并不存在完全的黑体。

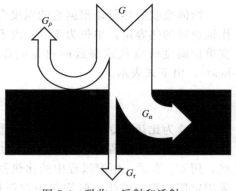

图7-4　吸收、反射和透射

（三） 斯蒂芬-玻尔兹曼定律（Stefan-Boltzmann's Law）

物体每单位表面积每单位时间内对外辐射的能量称为辐射力，记为 q。当物体的温度大于绝对零度时，物体总是向外放射辐射能。在单位时间内物体向外放射的能量为：

$$q = A\varepsilon\sigma T^4$$

式中，q 为辐射能；A 为辐射表面积；ε 为辐射系数；σ 为斯蒂芬-玻尔兹曼常数；T 为物体温度。ε 是物料表面的一种性质，表示这种物料的辐射能力与黑体辐射能力之比。斯蒂芬-玻尔兹曼常数 $\sigma=5.67\times10^{-8}W/(m^2 \cdot K^4)$，也称为黑体辐射常数。

辐射换热与导热和对流换热不同，导热和对流换热仅发生在冷、热物体接触时，而辐射不必借助中间介质，在真空中同样可以进行。物体间以热辐射方式进行热量传递是双向的，物体在不断发射热辐射的同时也在吸收热辐射。高温物体向低温物体发射热辐射，低温物体也向高温物体发射热辐射。最终的效果是热量从高温物体传到低温物体。两个温度相等的物体间也在相互发射热辐射，但因吸收能量和辐射能量达到了动态平衡，相互之间的热交换为零。

导热、对流和辐射是三种基本热传递过程。农产品和食品在储存、输送和加工期间，实际的能量传递过程常常是上述基本过程组合而成的复杂过程。生物物料的传热问题可包含固体和液体间、固体和气体间、液体和液体间以及液体和气体间的传热过程。有时，传热过程同时还包含有传质过程。不论多么复杂的传热过程，我们总是可以认为它的作用结果是基本过程单独作用结果的总和。

第二节　农业物料的热学特性参数

农业物料的加工、储存和流通需要进行干燥、冷冻、脱水、热处理以及烘烤、蒸煮等处理，物料的温度将发生变化，并将有热量的交换和传递。这些加工工艺及其设备都与农业物料的热学特性有关。农业物料的热学特性包括比热、热导率和热扩散系数等，它们都只与物料本身的组成、密度有关，而与加工、处理工艺及使用的介质无关。在加工处理过程中，有时还有物质，主要是水分的传递和运动。农业物料热学特性的研究基础是传热传质学。

一、农业物料的比热

物体吸收的热量是根据它的温度变化来计量的。物料温度每升高 1K 所吸收的热量，叫作该物料的热容量，单位为 J/K。由于物料的热容量和质量成正比，因此把单位质量物料改变单位温度时吸收或释放的热量叫作比热容（specific heat capacity），简称比热（specific heat），由下式表示。

$$C = \frac{Q}{m \cdot \Delta T} \tag{7-15}$$

式中，C 为比热；Q 为热量；m 为质量；ΔT 为温差。

因为热量与过程有关，所以热容量和比热也与过程有关。恒压过程中的比热称定压比热，用 C_p 表示。恒容过程中的比热称定容比热，用 C_v 表示。由于生物物料传热问题通常采用定压过程，因此一般均使用定压比热 C_p，并简化符号将下标删去，通常用符号 C 表示，单位为 J/（kg·K）。生物物料加工时压力一般较小，固体物料和液体物料的比热随压力变化较小，因此通常把农业物料的比热作为不变的常数。

农业物料热容量和比热是随物料组成成分、含水量、温度等而变化的。水果、蔬菜、肉类等农业物料的比热可以看作是水的比热以及与水结合在一起的固体物质比热之和。经过大量实验表明，农业物料比热随其含水量而变化，农业物料比热和含水率一般呈线性关系，并可由下式求出。

$$C = (C_w - C_d) M + C_d \tag{7-16}$$

式中，C 为农业物料比热；C_w 为水的比热；C_d 为固体干物质比热；M 为湿基含水率。

对于一般农业物料，Siebel（1892）提出了计算比热的经验公式：

冰点以上时：　　　　　　　$C = 0.84 + 0.0335M$ 　　　　　　　　　　　　(7-17)
冰点以下时：　　　　　　　$C = 0.84 + 0.0126M$ 　　　　　　　　　　　　(7-18)

式中，C 为农业物料比热，kJ/（kg·K）；M 为湿基含水率，%，w.b；0.84 假设为农业物料中干物质的比热，kJ/（kg·K）。

由于冰的比热为 2.1kJ/（kg·K），约为水的比热 4.9kJ/（kg·K）的一半，所以在冰点以下时物料的比热小。经实验证实，农业物料比热的实测值大于上述经验公式的计算值，特别是在物料含水率较低时误差较大。其原因可能是物料中结合水比自由水具有更高的比热值。用这种计算方法得到的数据虽然不准确，但在缺乏实验数据时可以初步估算物料的比热值。对于大部分水果和蔬菜而言，由于具有较高的含水率，使用式（7-18）计算而得的比热值和实验值相比其误差较小，而且是可以接受的。例如，黄瓜含水率在 96% 时，比热实测值为 4.06kJ/（kg·K），而用式（7-18）计算值为 4.05kJ/（kg·K）。

测试结果表明，农业物料干物质的比热值远小于水的比热值，因此农业物料比热值要比水小，其比热值大小视含水率而改变。美国供热制冷空调工程师学会（ASHRAE）出版的手册收集记载了许多农业物料的比热容数据，一些农业物料比热和含水率的关系如表 7-1 所示，比热值如表 7-2 所示。

表 7-1　一些农业物料比热和含水率的关系

物料	含水率/%，w.b	比热/[kJ/(kg·K)]	资料来源
硬小麦	0～16	$C = 1.184 + 0.0303M$	Pfalzner.1951

物料	含水率 /%,w.b	比热 /[kJ/(kg·K)]	资料来源
稻谷	10～17	$C=1.110+0.0448M$	
米	10～17	$C=1.197+0.0377M$	Haswell 等,1954
燕麦	10～17	$C=1.277+0.0227M$	
软小麦	0.6～20	$C=1.398+0.0410M$	Kazarian 等,1955
玉米	0.9～30	$C=1.465+0.0356M$	
水稻	13.4～19.5	$C=0.921+0.0545M$	Wratten 等,1969
硬红春小麦		$C=1.097+0.0405M$	Muir 等,1972
大豆		$C=1.638+0.0193M$	Alam 等,1972
高粱		$C=1.397+0.0322M$	Sharme 等,1973

表 7-2　一些农业物料含水率、冻前比热和冻后比热

物料	含水率 /%,w.b	比热 /[kJ/(kg·K)]		物料	含水率 /%,w.b	比热 /[kJ/(kg·K)]	
		冰点以上	冰点以下			冰点以上	冰点以下
苹果	84.1	3.60	1.88	芹菜	93.7	3.98	2.01
杏	85.4	3.68	1.93	青蒜	88.2	3.77	1.93
香蕉	74.8	3.35	1.76	莴苣	94.8	4.02	2.01
樱桃	83.0	3.64	1.88	蘑菇	91.1	3.89	1.97
枣	20.0	1.50	1.09	洋葱	87.5	3.77	1.93
葡萄	81.9	3.60	1.84	马铃薯	77.8	3.43	1.80
桃	86.9	3.77	1.93	菠菜	92.7	3.94	2.01
柠檬	89.3	3.85	1.93	番茄	94.1	3.98	2.01
甜瓜	92.6	3.94	2.01	蜂蜜	17.0	1.47	1.09
黄瓜	96.1	4.06	2.05	牛奶	87.5	3.89	2.05
甜菜	87.6	3.77	1.93	干酪	37～38	2.09	1.30
甘蓝	92.4	3.94	1.97	黄油		1.38	2.05
胡萝卜	88.2	3.77	1.93	猪油		2.18	
花菜	91.7	3.89	1.97	鲜家禽	74.0	3.31	1.55

　　农业物料比热是随温度而改变的。一般来说，比热随温度升高而增大。图 7-5 为硬红春小麦的比热和温度的函数关系。由图 7-5 可见，当含水率在 20%（w.b）以下，温度范围为 -30～20℃时，比热和温度关系是线性的。而当含水量为 23%～30% 时，因释放了融解热，使曲线呈非线性关系。图 7-6 表示花生荚、壳和籽粒在含水率 30% 时的比热和温度的函数关系。

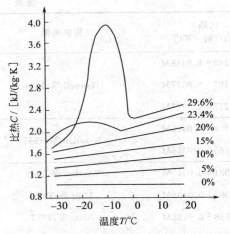

图 7-5　硬红春小麦的比热和温度的函数关系

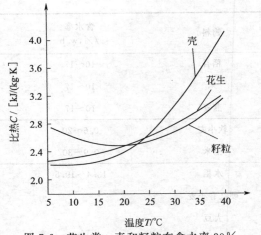

图 7-6　花生类、壳和籽粒在含水率30%
时的比热和温度的函数关系

二、农业物料的热导率

热导率（thermal conductivity）反映了物料传导热量的能力，又称为导热系数，单位是 W/（m·K）。热导率是傅立叶定律（Fourier's Law）中的比例常数 K。在一般情况下，金属的热导率最大，固体非金属次之，液体较小，气体最小。金属材料热导率为 2.5~4.2W/（m·K），金属纯度越高，热导率越高；非金属材料的热导率为 0.06~3.0W/（m·K）。水溶液的热导率为 0.09~0.7W/（m·K），溶液浓度越高，热导率越低。空气在 0℃时的热导率为 0.0245W/（m·K）。

大部分农业物料都含有较多的水分，农业物料的热导率随物料化学成分、物理结构、物质状态和温度而变化。和比热一样，这些物料的热导率也可以根据它们的含水量和固体干物质热导率加以估算。Anderson（1950）提出了以下经验公式。

$$K = MK_w + (1-M)K_d \tag{7-19}$$

式中，M 是物料含水率，%，w.b；K_w 和 K_d 分别为水和固体干物质的热导率。由于农业物料的化学成分和物理结构有很大差异，所以用一个经验公式表示各种物料热导率必然会造成较大误差。例如，对于成堆物料，是由大量单粒物料在空间内相互堆叠形成的，成堆物料中空气越少，则导热越快，即单粒物料比成堆物料导热性能更好。以谷物为例，单个谷粒比成堆谷粒热导率大 4~5 倍。对于肉类物料，化学成分主要指水、脂肪和空气等的含量，由于脂肪的热导率比水小，如果物料中的脂肪和空气含量较高，物料的热导率将显著下降，这对物料加热和冷却速度会有很大的影响。表 7-3 为一些农业物料的热导率。

表 7-3　一些农业物料的热导率

物料	温度 /℃	含水率 /%，w.b	热导率 /[W/(m·K)]
谷类	21.1	0.91	0.140
鲜鱼	0.00		0.431
猪肉	−14.3	75.1	0.430
香肠	24.4	65.0	0.411
烟叶			0.073

物料	温度 /℃	含水率 /%,w.b	热导率 /[W/(m·K)]
奶粉	38.9		0.418
奶油	4.40	15.0	0.197
蜂蜜	2.20	12.6	0.500
苹果汁	20.0	87.4	0.559
花生油	3.90		0.168

大量测试已表明，农业物料热导率和比热一样是随含水率变化的，一般呈线性关系。表 7-4 为一些谷物、种子热导率和含水率的相关关系。表 7-5 为水果和蔬菜的热导率，所列物料除了苹果外，热导率和含水量有较高的线性相关性。苹果因含有大量孔隙，热导率偏低。若假定固体干物质的热导率为 0.26W/（m·K），水的热导率为 0.6W/（m·K），则用 Anderson 经验公式估算水果和蔬菜的热导率有良好的适用性。

表 7-4　一些谷物、种子热导率和含水量关系

物料	含水率 /%,w.b	温度 /℃	热导率 /[W/(m·K)]	资料来源
硬红春小麦	1.38~13.75	30~60	$K=0.129+0.00274M$	Moote et al,1953
软冬小麦	0.68~20.30	21~44	$K=0.117+0.00113M$	Kazarian et al,1965
黄齿种玉米	0.91~30.20	21~53	$K=0.141+0.00112M$	Kazarian et al,1965
水稻	9.90~30.20		$K=0.0856+0.00183M$	Wratten et al,1969
春小麦	4.40~22.50	−27~20	$K=0.139+0.00120M$	Chandra,1971
高粱	1.00~22.50	21~38	$K=0.0976+0.00148M$	Sharma et al,1973
花生粒			$K=0.104+0.000865M$	Suter et al,1972

表 7-5　水果和蔬菜的热导率

物料	含水率 /%,w.b	温度 /℃	密度 /(g/cm³)	热导率 /[W/(m·K)]
绿苹果	88.5	28	0.79	0.422
红苹果	84.9	28	0.84	0.513
苹果酱	78.7	29		0.549
鳄梨	64.7	28	1.06	0.429
香蕉	75.7	27	0.98	0.481
甜瓜	92.8	28	0.93	0.571
胡萝卜	90.0	28	1.04	0.605
黄瓜	95.4	28	0.95	0.598
洋葱	87.3	28	0.97	0.574
橘子(剥皮)	85.9	28	1.03	0.580
桃子	88.5	28	1.93	0.681

物料	含水率/%，w.b	温度/℃	密度/(g/cm³)	热导率/[W/(m·K)]
梨	86.8	28	1.00	0.595
菠萝	84.9	27	1.01	0.549
草莓	88.8	28	0.90	0.462
萝卜	89.8	24	1.00	0.563
柠檬(剥皮)	91.8	28	0.93	0.525
油桃	89.8	28	0.97	0.585

不同肉产品之间热导率差别是很小的，在相同温度和相同含水率的肉产品之间，热导率没有明显差别。对于牛肉、羊肉、猪肉、家禽及鱼肉的测定表明，在温度为 0～60℃、含水率为 60%～80%（w.b）时，热导率 K 和含水率 M（w.b）关系可用下式表示。

$$K = 0.0798 + 0.00517M \qquad (7\text{-}20)$$

一般物质热导率均随温度而变化，金属材料热导率随温度升高而降低，非金属材料则相反。除了水和甘油外，大多数液体热导率随温度升高而降低；气体热导率随温度升高而高。冰的热导率比水大，因此冰冻物料比非冰冻物料有较大的热导率。如冻肉热导率比非冻肉热导率大 2～3 倍。不论冰点以上或冰点以下，农业物料热导率和温度有很高的相关性。

对于牛肉、羊肉、猪肉、家禽及鱼肉的测定表明，在温度为 -40～-5℃、含水率为 65%～85%（w.b）时，导热率 K 和温度 T 关系可用下式表示。

$$K = 0.284 + 0.0194M - 0.00923T \qquad (7\text{-}21)$$

实测表明，在冰点以上时，农业物料的热导率和水的热导率一样，随温度升高而升高。在冰点以下时，农业物料的热导率和冰的热导率一样，随温度降低而升高。图 7-7 为含水率在 4.4%～22.5%（w.b）时，春小麦热导率随温度变化曲线。

农业物料的热导率还受籽粒尺寸及容积密度的影响。实测表明，在相同含水率和温度时，籽粒尺寸越大其热导率越大。例如，含水率为 8%（w.b）时，油菜籽的热导率为 0.117W/（m·K），而碾碎的油菜籽为 0.063W/（m·K）。图 7-8 为玉米容积密度与热导率的关系，在相同含水率时，热导率随物料容积密度增加而线性增加。

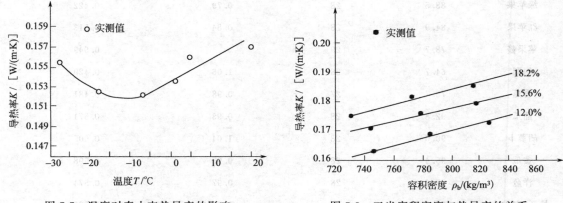

图 7-7　温度对春小麦热导率的影响　　　图 7-8　玉米容积密度与热导率的关系

农业物料的热导率也随成分而改变。如果已知农业物料的组成成分，则可用下式估算物料的热导率。

$$K = 0.58m_m + 0.155m_p + 0.25m_c + 0.16m_f + 0.135m_a \qquad (7-22)$$

式中，K 为热导率，$W/(m \cdot K)$；m 为质量百分比，%；下标 m、p、c、f、a 分别表示水分、糖、蛋白质、脂肪和灰分。

三、农业物料的导温系数

导温系数（thermal diffusivity）又称热扩散系数，单位为 m^2/s，它反映导热过程中物料导热能力和储热能力之间的关系。导温系数是衡量物料受热后温度传导能力的一个重要参数，用下式表示。

$$\alpha = \frac{K}{\rho c} \qquad (7-23)$$

式中，α 为导温系数，m^2/s；K 为热导率，$W/(m \cdot K)$；ρ 为密度，kg/m^3；c 为比热，$J/(kg \cdot K)$。

物料的导温系数是热导率和比热的导出量，随物料热导率的增加而增加，随比热和容积密度的增加而减小。比热和容积密度的乘积称为体积热容量，它表明物料储存热能的能力。如果热导率一定，体积热容量越大则导温系数越小。即物料储存热能能力越大，物料不易加热升温，也不易冷却。

表 7-6 为一些农业物料的导温系数。对于大部分农业物料，导温系数在 $(0.1\sim0.2)\times10^{-6}\ m^2/s$ 范围内，它随温度和含水率而变化。实测结果表明，它们之间函数并不确定。一般地说，导温系数随含水率增加而下降，有的呈线性关系，有的呈非线性关系。例如，小麦的导温系数随含水率增加而始终下降，并呈非线性关系。玉米在 20%（w.b）时有转折点，导温系数先下降而后增加。对水稻测试表明，导温系数和含水率呈线性关系，随含水率增加而减小，并可用下式表示。

$$\alpha = 0.135 - 0.00249M \qquad (7-24)$$

式中，α 为导温系数，$\mu m^2/s$，M 为含水率，%，w.b。

表 7-6 一些农业物料的导温系数

物料	含水率 /%，w.b	温度 /℃	导温系数 /(μm²/s)
草 莓		$-17\sim27$	0.147
马铃薯		$-17\sim27$	0.121
青 豆		$-17\sim27$	0.124
苹 果	85	$0\sim30$	0.137
苹果酱	37	5	0.105
香 蕉	76	5	0.118
干豌豆		$4\sim12.2$	0.168
鳕 鱼	81	5	0.122
碎牛肉	71	$40\sim65$	0.133
火 腿	64	$40\sim65$	0.188
水	100	50	0.148

一、热学特性的测量

（一）比热的测量原理

比热的直接测量法有混合法、保护热板法和比较量热法等。比热除了采用直接测定外，还可在测出热导率或导温系数后通过计算方法求出。农业物料比热最常见的直接测定方法是混合法。

1. 混合法

混合法测定比热是在量热器内进行的。图 7-9 为一种真空套式量热器，其结构同保温杯相类似。测定时，量热器内预先装入已知温度和质量的液体介质，然后将已知质量和温度的试样导入量热器内并和液体介质充分混合。物料的比热根据液体介质、量热器和试样的热平衡方程式计算而得。如果量热器和液体介质的温度比物料试样高，则热平衡方程式可写成如下形式。

$$C_0 m_0 (T_i - T_e) + C_w m_w (T_i - T_e) = C_s m_s (T_e - T_s) \qquad (7\text{-}25)$$

式中，C_0，C_w，C_s 分别为量热器、液体介质和待测物料的比热；m_0，m_w，m_s 分别为量热器、液体介质和待测物料的质量；T_i 为量热器和液体介质的初始温度；T_s 为待测物料的初始温度；T_e 为热平衡后的温度。

由式（7-25）可求出待测物料的比热为：

$$C_s = \frac{C_0 m_0 (T_i - T_e) + C_w m_w (T_i - T_e)}{m_s (T_e - T_s)} \qquad (7\text{-}26)$$

量热器的热容量 $C_0 m_0$ 也可用混合法测定。首先在量热器内加入一定量的冷水，测定温度为 T_1，然后加入一定量的热水，温度为 T_2。如果平衡后温度为 T_e，则量热器热容量可由以下热平衡方程式求出。

$$C_0 m_0 (T_e - T_1) + C_w m_1 (T_e - T_1) = C_w m_2 (T_2 - T_e)$$

$$C_0 m_0 = \frac{C_w m_2 (T_2 - T_e) - C_w m_1 (T_e - T_1)}{T_e - T_1} \qquad (7\text{-}27)$$

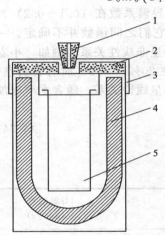

图 7-9　真空套式量热器结构
1—塞子；2—绝热层；3—盖子；
4—真空套；5—样品盒

式中，m_1 和 m_2 分别为冷水和热水的质量；C_w 为水的平均比热。

测定农业物料比热时，可以先在量热器内放入待测物料再倒入液体介质，也可将液体介质先倒入量热器内再投入待测物料。量热器内使用的液体介质可选择水、甲苯溶液或其他溶液，液体介质的初始温度既可以高于物料温度也可以低于物料温度。混合法测定比热所需设备简单、操作较方便，能适应多种物料品种。由于量热器测定时不可避免产生热量泄露，因此对其测定结果要进行误差修正。

2. 保护热板法

热板是薄板型的电加热器，将测试的物料围起来。在测试时，物料和热板均由电加热，并使热板和物料保持相同温度，形成一个无热损状态（图 7-10）。此时，在给定时间内提供给待测物料的电能等于物料获得的热量。由下式可求出物料的比热。

$$Q = Cm\Delta T = VIt$$

$$C = \frac{VIt}{m\Delta T} \qquad (7-28)$$

式中，Q 为物料获得的热量；C 为物料比热；m 为物料质量；ΔT 为时长 t 内的温度变化；V 为电压；I 为电流；t 为时长。

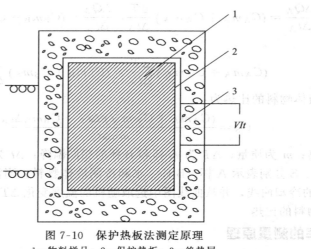

图 7-10　保护热板法测定原理
1—物料样品；2—保护热板；3—绝热层

这种方法的优点是测量精度高，并可确定多种因素对比热的影响，但实际测量仪器较复杂，由热敏电阻、变压器等多个部件构成。

3. 比较量热法

比较量热法通常用来测定液体物料的比热。图 7-11 为辐射型比较量热法原理示意图。实验时，一个杯中装入待测比热的液体物料，另一个杯中装入蒸馏水或其他已知比热的液体。将两个杯子加热到相同温度，然后同时放在量热器中冷却，比较其冷却曲线即可求出物料比热。

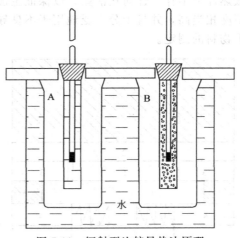

图 7-11　辐射型比较量热法原理

如果两个杯子的尺寸、材料、外观和质量完全相同，则可认为这两个杯子是相同的辐射体。若假定量热器周围的空气或其他介质的温度保持不变，则两个杯子在相同温度时的热损

失纯速率是相等的，即

$$\frac{\Delta Q_A}{\Delta t_A} = \frac{\Delta Q_B}{\Delta t_B}$$

如果待测液体物料的温度变化范围较小，则可认为物料的比热为常数，热损失速率等于温度变化速率，即

$$\frac{\Delta Q_A}{\Delta t_A} = (C_A m_A + C_W m_W)\frac{\Delta T}{\Delta t_A}, \quad \frac{\Delta Q_B}{\Delta t_B} = (C_B m_B + C_S m_S)\frac{\Delta T}{\Delta t_B}$$

于是

$$(C_A m_A + C_W m_W)\frac{\Delta T}{\Delta t_A} = (C_B m_B + C_S m_S)\frac{\Delta T}{\Delta t_B}$$

得到待测液体物料的比热为：

$$C_S = \frac{(C_A m_A + C_W m_W)\Delta t_B - C_B m_B \Delta t_A}{m_S \Delta t_A} \tag{7-29}$$

式中，C 为比热；m 为质量；ΔT 为 A 杯和 B 杯的相同温降；Δt 为杯内温降 ΔT 所需时间；下标 A、B、W、S 分别表示 A 杯、B 杯、水和待测液体物料。当测定上述数据之后，可绘制 A 杯和 B 杯的冷却曲线，并从曲线图中选取随机的温度变化 ΔT，求出 Δt_A 和 Δt_B，进而计算待测液体物料的比热。

（二）热导率的测量原理

热导率测定方法可分为稳态法和非稳态法两大类。稳态法测定热特性时，物料内各点温度是不随时间变化的。因此，它必须在导热过程已达到稳定状态后才能进行测定。稳态法常采用平行平板法测定。非稳态法和稳态法的基本区别在于非稳态测定时物料在特定位置的温度是随时间变化的。非稳态法的主要优点是能够接受非常小的温差，不需测定热流量，并可以快速得出结果。在测定农业物料的热导率时，这些因素都是非常重要的。非稳态法常采用探针测定法测定。

1. 平行平板法

平行平板法的测量原理如图 7-12 所示，由主加热器、散热器和保护加热器等几个平行热板组成。热源、物料和散热片上不存在任何热泄露，以保证主加热器输入的热量全部通过待测物料。这个方法测量精度相当高，并且十分广泛地用于不良导体的热导率测定。在农业物料应用中，适合于板状干物料的测定。

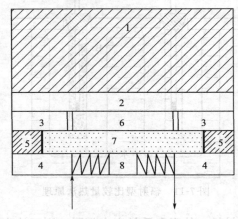

图 7-12　平行平板法测定原理

1，5—绝热层；2，3，4—保护加热器；6—主加热器；7—待测物料；8—散热器

热导率可根据傅立叶稳态导热方程式得出：

$$K = \frac{Lq}{A(T_1 - T_2)}$$

(7-30)

式中，K 为热导率；L 为待测物料的厚度；q 为热流量；A 为待测物料导热面积；T_1，T_2 为垂直于热流方向的待测物料两侧面的温度。

由式（7-30）可知，只要测定热流量 q 和温差（$T_1 - T_2$），即可计算出热导率 K 值。

稳态测定法使物料达到稳定状态所需时间是相当长的，需数小时。由于测定时物料中存在温度和湿度差，物料中水分将由热表面向冷表面迁移，直至达到平衡为止。这种水分迁移将会改变物料的物理性质，影响测定精度。因此，稳态法不适合高水分物料的测定，对含水率低于 10% 的物料具有良好的适应性。

2. 探针测定法

探针测定法是利用加热电阻丝作为热源来加热周围的物料，在物料中距离热源不同位置测取物料的温度值，样品温升是热导率的函数。热导率测定探针的外壁是一个导热性能良好的圆筒，圆筒内有用于加热的电阻丝和测量温度的热电偶（图 7-13）。加热丝的电阻值随温度变化很小且不易折断，热电偶置于探针长度方向的中间位置。被测农业物料原处于某一均匀温度，当探针插入物料后，加热丝提供热量，热电偶不断测量温度变化。经一段时间后，测试温度 T 和测试时间对数 $\ln t$ 产生线性关系。根据直线的斜率可以求出农业物料的热导率 K。

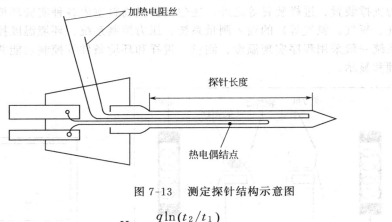

图 7-13　测定探针结构示意图

$$K = \frac{q\ln(t_2/t_1)}{4\pi(T_2 - T_1)}$$

(7-31)

或

$$K = 2.303\frac{q'\lg(t_2/t_1)}{4\pi(T_2 - T_1)}$$

(7-32)

式中，K 为热导率；q' 为单位长度探针在单位时间内输入的热量；t_1，t_2 为两个位置在加热之后选取的测试时间；T_1，T_2 为两个位置在各自测试时间分别测得的温度。

测定时，通过加热功率确定热流量，以及测量时间对应的温度，即可由式（7-32）求出热导率 K。

若设

$$b = \frac{\lg(t_2/t_1)}{(T_2 - T_1)}$$

则式（7-32）为：

$$K = \frac{2.303q'}{4\pi} \cdot b \qquad\qquad (7\text{-}33)$$

根据测试所得的数据在坐标纸上绘制温度和时间对数的对应关系，该关系曲线为一条直线，斜率为 b，可由式（7-33）求出热导率 K。探针测定法能够在较短时间（5~10min）内完成数据采集，即使温差较小（2~5℃）也可达到 0.02~0.1 的测定精度，对潮湿物料具有良好的适应性。

（三）导温系数的测量原理

导温系数 α 是根据比热 C、热导率 K 和密度 ρ 的数据计算而得的，但也可以采用实验测量。在多种测试方法中，差示扫描量热技术（Differential Scanning Calorimetry，DSC）应用最为广泛。差示扫描量热技术是通过控制待测物料和参照物同时升温或降温，测量流入或流出物料和参照物的热量差与温度关系的一种技术。采用差示扫描量热技术可以测定包括导温系数在内的比热、转变热等多项热学特性参数和物料吸热或放热速率等动力学参数。

差示扫描量热系统（图 7-14）由四个部分组成，即温度程序控制系统，测量系统（物理性能的测量），数据记录、处理和显示系统，物料室。温度程序控制的内容包括整个测试过程中温度变化的顺序、变温的起始温度和终止温度、变温速率、恒温速率及恒温时间等。测量系统将待测物料的某种物理量转换成电信号，进行放大，用来进一步处理和记录。数据记录、处理和显示系统把所测量的物理量随温度和时间的变化记录下来，并可以进行各种处理和计算，再显示和输出到相应设备。物料室除了提供物料本身放置的容器（杯、盘、管）、物料容器的支撑装置、进样装置等之外，还包括提供物料室内各种实验环境的系统，如环境气体（氮气、氧气、氦气等）的输入测量系统、压力控制系统、环境温度控制系统等。差示扫描量热系统一般采用程序实现温度、测量、进样和环境条件等控制功能并进行测试数据的记录、处理和显示。

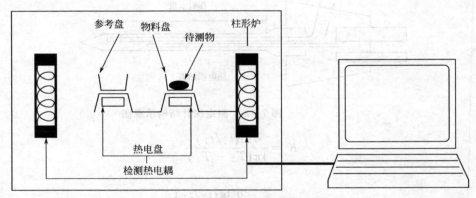

图 7-14　差示扫描量热系统示意图

二、农业物料的干燥

干燥在农业物料的加工、储存、运输过程中起着重要的作用，我国农业物料干燥技术经历了初期起步、引进吸收、研制开发、日趋普及、逐渐成熟的发展过程。除常规的热风干燥之外，现在已经形成真空冷冻干燥、微波真空干燥、射频干燥、太阳能干燥、热风微波、变温压差膨化干燥等现代干燥技术。不同干燥技术各具优势，在农业物料干燥时应当采用合理的干燥技术或采用几种技术联合干燥，可以提高干燥效率，改善产品质量。

（一） 真空冷冻干燥（vacuum freeze drying）

真空冷冻干燥也称为升华干燥，是将湿物料或溶液在较低的温度（−10～−50℃）下冻结成固态，然后在真空（1.3～13Pa）下使水分不经液态直接升华成气态，最终使物料脱水的干燥技术。由于农业物料的干燥过程在低温、低压下进行，物料水分直接升华，对热敏性物料脱水比较彻底，便于长时间储存。同时，农业物料保持冻结状态，农业物料的物理结构和分子结构变化极小，其组织结构和外观形态被较好地保存。在真空冷冻干燥的过程中，物料不存在表面硬化问题，且其内部形成多孔的海绵状，具有优异的复水性，可在短时间内恢复干燥前的状态，而且由于隔绝空气，因此有效地抑制了热敏性物质发生生物、化学或物理变化，并较好地保存了原料中的活性物质，以及保持了原料的色泽。

（二） 微波真空干燥（microwave vacuum drying）

微波真空干燥是将微波技术与真空技术相结合的一种新型微波低温干燥技术，它兼备了微波加热及真空干燥的一系列优点，克服了常规真空干燥周期长、效率低的缺点，在一般物料干燥过程中，可比常规方法提高工效4～10倍。具有干燥产量高、质量好、加工成本低等优点，由于真空条件下空气对流传热难以进行，只有依靠热传导的方式给物料提供热能。常规真空干燥方法传热速度慢，效率低，并且温度控制难度大。微波加热是一种辐射加热，是微波与物料直接发生作用，使其里外同时被加热，无需通过对流或传导来传递热量，所以加热速度快，干燥效率高，温度控制容易。

（三） 射频干燥（radio-frequency drying）

射频是电磁波谱的一部分，频率范围为10～300MHz。射频电磁波通过使极性分子往复旋转和带电离子的往复运动，使含水物料在整个体积内同时加热，水分含量快速降低，从而加快干燥速度。射频干燥的技术优势主要表现在具有较好的穿透深度、加热均匀性、稳定的温度控制和更高的产品质量。射频技术主要用于蔬菜等农业物料的干燥、饼干的后烘烤以及零食的干燥等。此外，射频干燥也被广泛地用于各种木材、纸、纺织品的干燥。在射频干燥的过程中，物料内、外同时受热，水分由内部转移到表面蒸发，因此表面温度低于中心温度，利于提高干燥速率。而传统干燥过程中，物料表面温度高于内部温度，热量从外向内传导，除了热传导耗时外，因热量与水分传递的方向相反，从而阻碍了水分传递的速率。

（四） 太阳能干燥（solar drying）

太阳能干燥使物料吸收太阳能并转换为热能进行干燥，或者采用太阳集热器通过加热环境空气使物料获得热能，并经过物料表面与物料内部之间的传热、传质过程，使物料中的水分逐步汽化并扩散到空气中去，最终达到干燥的目的。太阳能干燥技术充分利用太阳辐射能，有效地提高干燥的温度，缩短了干燥时间，解决了干燥物品被污染等问题，使产品的质量等级有所提高。一般农副产品和食品的干燥，要求干燥温度在40～70℃之间，这与太阳能热利用领域中的低温利用相适应，可以大量节省常规能源，经济效益显著。

（五） 热风微波干燥（air-microwave drying）

热风微波干燥是将热风场和微波场联合干燥的技术。单纯的热风干燥需要消耗较长时间，能源利用率很低。在微波作用下的干燥过程，微波能够直接与样品内部的水分相互作用并在样品内部产生热量，使得样品在干燥过程中具有较好的蒸汽压力和温度梯度。热风微波干燥各因素对干燥速率影响的主次关系为微波功率密度＞热风温度＞热风风速，热风干燥与微波干燥进行结合可以大大缩短干燥时间，提高能源的利用率。将微波和热风干燥先后进行，合理地分配热风和微波两者之间的比例，发挥各自的工艺优势，可以提高干燥速率，最终达到干燥目的。

（六）　变温压差膨化干燥（explosion puffing drying）

变温压差膨化干燥又称爆炸膨化干燥、气流膨化干燥等，属于一种环保、节能的非油炸膨化干燥技术。变温是指物料膨化温度和真空干燥温度不同，在干燥过程中温度不断变化；压差是指物料在膨化瞬间经历了一个由高压到低压的过程；膨化过程是通过物料组织在高温高压下的瞬间泄压时，内部产生的水蒸气剧烈膨胀来完成；干燥过程是膨化的物料在真空状态下抽除水分的过程。变温压差膨化干燥结合了热风干燥和真空冷冻干燥的优点，克服了真空低温油炸干燥等的缺点，可以解决真空油炸果蔬等物料含油量高的问题，并控制生产能耗。变温压差膨化干燥技术对产品质量影响较大的因素是预干燥时间、膨化温度、膨化压力差和抽空温度。经变温压差膨化生产的膨化产品味道鲜美、口感酥脆、最大限度地保留了原料的色泽、风味和营养成分，易于储存，携带方便，具有十分广阔的市场前景。

三、农业物料的冷却

农业物料的冷却是指将收获后的物料经过冷却过程降低温度，但是未被冻结，从而使农业物料中的酶及微生物活动得到抑制，达到改善品质、保鲜和延长货架期的目的，主要应用在农产品保鲜和冷却肉生产加工领域。水果和蔬菜等农业物料收获后因其细胞依旧存活，生命过程仍在继续。果蔬在适宜的冷藏温度下远比在常温下呼吸强度低，营养物质分解缓慢，乙烯产生和衰老相关变化受到有效抑制，但是当温度下降到临界值时，组织就会产生不良反应，还有畜肉在低温下历经充分的解僵成熟，肉的硬度降低，保水性有所恢复，食肉变得柔嫩多汁，品质也能得到大大改善。这种生命过程可利用低温和高的相对湿度加以控制。因此，农业物料的冷却是一项重要的加工技术。农业物料采用传统冷却方式处理后干耗较为严重，而且冷却时间普遍较长。近年来，农业物料的冷却出现了许多高新技术，如真空冷却、延迟冷却和冰温冷却技术等，这些新技术的运用为农业物料的冷却提供了较好的技术实现方案，下面对这些技术分别予以介绍。

（一）　传统冷却（traditional cooling）

传统冷却方式包括风冷、冰冷、水冷三种。风冷方式是果蔬采收后首先送入常规冷库的高温（0～4℃）库区，并以机械鼓风装置吹送冷风循环的方式实现冷却。这种方法相对简单，但是冷却时间长，除霜作业量较大。冰冷方式是将新摘收的果蔬和一定量的冰块置于同一密封间，冰升华和溶化所吸收的热量能够使区间温度降低，从而实现对物料的冷却。这种方法同样存在冷却时间长、能耗大的缺点。水冷式将果蔬直接放置于循环的冷水中，通过热传导实现冷却，既能加快冷却速度，又能减少和免除干耗，还可以起到清洗的作用，但对大部分产品而言，表面遗留的水分难以清除，且水中留存的物质容易对果蔬品质造成损害。

（二）　真空冷却（vacuum cooling）

真空冷却是一种快速冷却的方法，基本原理是将被冷却的产品放在真空室内，通过真空泵抽真空，造成一个低压环境，使产品内部的水分得以蒸发，由于水分的蒸发吸热导致产品温度下降，产品的温度一般在0～10℃。与常规冷却方法如风冷、冰冷和水冷相比，真空冷却的特点是冷却速度快、操作方便、冷却均匀，可以在规定的时间内将产品冷却到要求的温度（0～10℃）。在温度7～60℃时，农业物料特别是肉类中存活的微生物组织体容易繁殖，真空冷却能快速通过这个危险区，以抑制和减少微生物繁殖，减少熟肉被微生物感染的机会，从而有利于提高食品的安全性，延长保质期。

（三）　延迟冷却（delay chilling）

延迟冷却是将完整的胴体（指牲畜屠宰后，除去头尾、四肢、内脏等剩下的部分）放于冷却间外缓冲一定时间，然后再进入冷却间冷却的过程。延迟冷却在改善肉类食用品质方面有积极的作用。例如，经延迟冷却处理的牛肉有较高的感官评分值，包括肌肉的颜色、消费者的可接受性等，延迟冷却能提高牛肉嫩度。但考虑到延迟冷却的高温阶段对畜产品微生物污染和产品保质期具有负面影响，现有的延迟冷却工艺还有待于进一步调整和优化。

（四）冰温冷却（controlled freezing point storage）

冰温是指处在冷却与冻结之间的温度带，即 0℃以下至冻结点以上的未冻结温度区域。冰温技术通过添加有机或无机物质降低农业物料的冻结点，扩大冰温带，使农产品保持在尽可能低的未冻结温度。目前，冰温保鲜技术已经在农产品储藏、后熟和流通等领域内得到了广泛应用。利用冰温技术储存果蔬及畜产品，可以抑制或减慢机体新陈代谢，使之尽可能处于活体状态，减少冰晶对组织结构的损伤，与冷藏相比其货架期得到了明显延长，而且色、香、味、复水性、鲜度及口感等方面都大大得到改善。此外，农产品在冰温条件下后熟，不仅能抑制细菌的繁殖，而且能减少后熟制品（肉类、果蔬、淀粉制品等）中与腐败有关的挥发性含氮物质的生成，能增加与香味有关的氨基酸浓度，还可以促进游离氨基酸和多种芳香成分的合成。

第八章　农业物料的光学特性

农业物料不仅对可见光，而且对波长范围更广的电磁波有复杂的反应。光照射到物料上，一部分被表面反射，其余光经过折射进入其组织内部。进入组织内部的光，一部分被吸收变为热量，另一部分分散射到各个方向，其余部分可以穿过农业物料。这种对光的反射、吸收、折射、透过、漫射等的性能，就是农业物料的光学特性。物料是由许多微小的内部中间层组成的，不同种类和组成的农业物料，具有不同的光特性。研究农业物料的光学特性可了解其特征，如成熟度、内部缺陷、组成物含量等，相应地对农业物料进行粒度测量、品质检测与评定、化学成分测定与分析、分选与分级、新鲜度的判别等。物料的光学特征包括两类，一类为传递特性，包括光的透过、反射、散射及折射等，常用特性表征指标有透光率、雾度、折射率、双折射及色散等；另一类为光的转换特性，包括光的吸收、光热、光化、光电及光致变色等。本章主要讨论物料与光的特性及其测定原理和方法以及农业物料光学特性在农业工程中的应用。

第一节　农业物料与光的特性

当一束光射向物料时，大约只有 4% 的光由物料表面直接反射，其余光入射到物料表层，遇到内部网络结构而变为向四面八方散射的光。大部分散射光重新折射到物料表面，在入射点附近射出物料，这种反射称为体反射；小部分散射光较深地扩散到内部，一部分被物料所吸收，一部分穿透物料。被吸收的多少与物料的性质、光的波长、传播路径长度因素有关。对某些物料来说，部分吸收光转化成荧光、延迟发射光等，而离开物料表面的光则由直接反射光、体反射光、透射光和发射光组成，如图 8-1 所示。通过物料透出的光强度也因此必然比入射光弱。同时，由于不同波长的光在介质中的传播速度

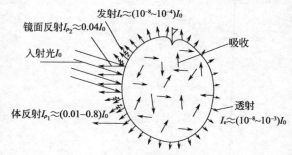

图 8-1　光与水果的相互作用

不同，因而同一介质对不同波长的光，有不同的折射率，所以一束光或复合光在折射时，只要入射角不为零，则不同波长的光，将按不同的折射角而散开，称为色散。由此可见，光的吸收、散射、反射、透过和色散是光在物料中传播时所发生的普遍现象。

一、光的本性

1860 年麦克斯韦建立电磁理论后，从本质上证明了光和电磁波的统一性，认识到光是一种电磁波。在电磁波谱中，一般把波长为 250～340nm 的电磁波称为紫外光，波长为 380～780nm 的电磁波称为可见光，波长为 0.78～1000μm 的电磁波称为红外光。其中把波长为 0.78～2.50μm 的电磁波称为近红外区；2.5～40μm 称为中红外区；40～1000μm 称为远红外区。这些在农业物料研究中常采用的电磁波按波长的分类及各波长区域名称如图 8-2 所示。在研究农业物料的光学性质时一般采用可见光，有时也可延伸至较短波长区（紫外线）和较长波长区（红外线）。

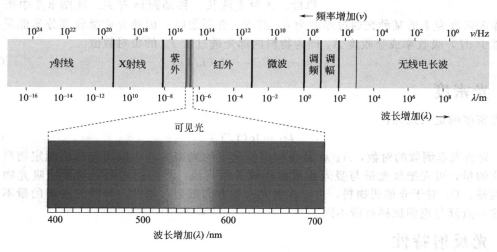

图 8-2　电磁波按波长的分类及各波长区域的名称

具有单一波长的光称为单色光。在可见光区域，不同波长的单色光通过人的视觉器官反映出不同的颜色。人眼对同样功率辐射的可见光的敏感程度不同，在特别情况下，人眼的感受范围可扩大到近红外线和紫外线部分。当将某两种颜色的光按适当强度比例混合时可形成白光，这两种色光称为互补色。物质呈现出不同颜色是由于该物质对光具有选择性吸收作用而产生的。当物质对可见光区域内某种波长的光选择性地吸收时，则该物质呈现出被吸收波长光的互补色光的颜色。例如，某物质吸收了红光，则该物质呈现出青色。在光学实验和光学原理的应用中，常常需要使用具有一定波长的单色光，可以从符合光的光谱中将单色光分离出来。常用的分离方法有棱镜、平面光栅、干涉滤光片、干涉光图等方法。

二、光的透过与吸收

当光波通过介质时，光的强度因介质材料对光能的吸收、反射、散射等随之降低。如图 8-3 所示，设光波穿过介质的路程为 X，则介质的光透过度（也称透光度）T 定义为：

$$T = I_2/I_1 \tag{8-1}$$

式中，I_1 为到达物体表面的光强；I_2 为光穿过物体后从介质中透出的光强。

物质内部光透过度为：

$$T_1 = I/I_0 \tag{8-2}$$

式中，I 为穿过物体到达第二表面的光强；I_0 为进入物体的光强。

光通过任何介质都会不同程度地被吸收。物质对光的吸收有选择性。同一介质对不同波长的光的吸收程度不等。无色透明物质，如玻璃，对可见光吸收很少。通常 1cm 厚的玻璃

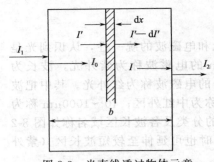

图 8-3 光直线透过物体示意

对可见光只吸收约 1%，但玻璃对紫外线吸收较为显著。石英对紫外线吸收不多，而对红外线吸收性较强。不透明物质对光也有选择性，相对来说也就是选择反射。白色物体对各种波长的可见光的吸收程度很小，而反射程度很大。有色物体对可见光的选择反射性显著，如黄色物体对黄色光反射最强，对橙色和绿色光反射很弱，而对其他红、蓝等色光吸收很强。

物料吸收光能，引起物料中电子的受迫振动，进而转化为其他形式的能。吸收率与物料成分、内部结构、厚度、入射光波长、移动距离有关。在图 8-3 中所示进入物体内强度为 I 的某种光通过厚度为 dx 的均匀介质层时，因被介质吸收部分光能量而使强度减少 dI，吸收率或吸收度 A_λ 即为物料内部光透过度 T_1 的负对数值。

$$A_\lambda = -\lg T_1 = -\lg(I/I_0) \tag{8-3}$$

三、光密度

光密度的定义式为：

$$D_\lambda = \lg(1/T) \tag{8-4}$$

即 D_λ 为透光率倒数的对数，A_λ 就是在特定情况下的光密度。一般用光透法测定物料中吸光物质的量，可先把吸光量与吸光物质量作成关系直线，然后通过吸光量推定吸光物质浓度。但是，D_λ 对于非透明物料，由于入射光向各方向散射，因此，与吸光物质的量不成比例，这一点就与透明试样有所不同。

四、光反射特性

光反射率是指从物体上反射出来的辐射能与向物体表面入射能之比。由于反射出来的光线没有方向限制，这种反射率称为全反射率，它随入射光方向的变化而变化。

另一方面，还有一种镜反射率，是指在镜面反射方向上的反射光能与入射光能之比。镜反射率随入射角的变化而变化。农业物料很少有镜面反射。

对于一般农业物料而言，入射角越大，物体表面越光洁，光的吸收越小，反射率越大。与透过光相类似，同样可以定义反射率 R 为：

$$R = I_r/I_1 \tag{8-5}$$

式中，I_1 为反射光强度，I_r 为入射光强度。反射光密度 D_r 的定义式为：

$$D_r = \lg\left(\frac{1}{R}\right) = \lg\left(\frac{I_1}{I_r}\right) \tag{8-6}$$

五、荧光和延迟发光特性

当光照射到物料上，除了产生透过过程的扩散现象、反射现象外，还有一种现象称为荧光和延迟发光（DLE）现象。这种现象一般与食品中含有的叶绿素有关。荧光现象是当一种波长的光能照射物体时，可以激发被照射物发出不同于照射波波长的其他波长的光能。延迟发光现象是当用一种光波照射物体，在照射停止后，所激发的光仍能继续放射一段时间的现象。

六、光的扩散现象

农业物料大多数既非透明物质，又非全反射的镜面物体，而是半透明体。因此，当光线射到物料上时，不仅一部分被反射、一部分被吸收，还有一部分被扩散。扩散现象不仅对透光性有影响，而且对反射特性也有影响。光不仅能量发生变化，而且光能传播的方向也发生复杂变化。如图 8-4 所示，对番茄用单色光进行局部照射时，番茄的透光强度和透光方向都发生变化。

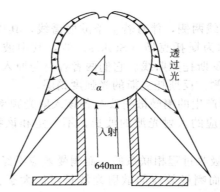

图 8-4　番茄内部光扩散性对光能量分布的影响（箭头线长与透过光能成正比）

七、光的散射

光波投到一般物体表面时，由于物体的线度远大于光波的波长，因而产生漫射（又称漫反射），这是常见的现象。当光波投到细小质点上时，从质点表面上各点激发次级子波，进而形成同样波长的光波向各方向散开，如图 8-5（a）所示。这种现象称为光的散射现象。散射物质对入射光没有经过共振吸收作用，所以此种现象不是共振辐射，而是直接从被照射物体的微粒表面"反射"而来，但是它又不服从反射定律，所以它又不完全是反射光。事实上，光的散射与反射和衍射有着密切的关系。例如，光波投入混浊介质（含有许多悬浮微粒的透明物质）时，由于介质中有许多线度大于波长的微粒呈无规则的分布，则有部分光波被散射，散射光波将绕过微粒两边，向各方发散，类似于单径衍射现象。然而，混浊介质中，由于悬浮微粒的存在，破坏了介质的光学均匀性（存在微小区域有密度起伏现象）。因此，虽有些类似于衍射现象，而没有干涉现象的伴随，故此呈现为散射现象。这种光的散射现象称为廷德尔（Tyndll）散射。如图 8-5（b）所示，右边玻璃杯盛有蒸馏水，在左边玻璃杯的水中加入几滴牛奶，由于散射，当激光束穿过液体时，可以从侧面看到它，这就属于廷德尔散射的一个实例。

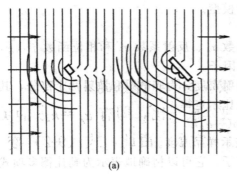

图 8-5　廷德尔（Tyndll）散射

某些从表面看来是均匀纯净的介质，当有光波通过时，也会产生散射现象，只是它的散射光强度比不上混浊介质的散射光强。这种散射现象是由线度小于光波长的介质分子所产生，称为分子散射，又称瑞利散射，它的散射光波长与入射光的波长相同。例如，大气中的空气分子，对太阳光中的蓝色光波散射特别显著，所以呈现蔚蓝色天空。还有一类散射现象，其散射光波长与入射光波长不同，称为喇曼（Raman）散射，或称为喇曼效应。喇曼散射的特点如下。

① 在每一条瑞利散射谱线两侧，伴有若干条散射谱线，其中波长大于原入射光波长 λ_0 的（也即频率小于 υ_0 的）称为斯托克斯（Stokes）线，其中波长大于原入射光波长 λ_0 的（也即频率大于 υ_0 的）称为反斯托克斯线。它们两者各自与原入射光频率之差相等，呈对称式分列于瑞利散射谱线之两侧。反斯托克斯的光强度稍弱。

② 不同频率的入射光所产生的喇曼散射线与各该入射光频率之差均相同。

③ 散射物质产生喇曼效应的入射光波的波长，不一定和该物质的吸收线或吸收带的波长相对应。

可见荧光效应是与光的吸收过程相联系的，而喇曼效应不经吸收过程。同时荧光的波长永远是大于入射光的波长，而喇曼效应的散射光波长可以大于、也可以小于原入射光的波长，因此它与荧光效应有所区分。

喇曼效应与分子极化率的变化有密切关系，因此研究喇曼效应是研究分子结构的重要方法之一。近年来激光研究发展很快，由于激光的单色性好，而且较强，因此使用强而细的激光光束，投射到很少量的试样上，也可以获得足够强的散射光谱。同时频率相差很小的散射谱线，也可以清楚地观测到，所以使用激光光源对研究光的散射是非常有利的。

八、光的色散

白光通过玻璃棱镜片后，出现彩色光带，称为光的色散现象。究其原因是由于透明介质对不同波长的光波（不同颜色的光）有不同的折射率。可知波长 λ 是介质折射率 n 的函数。

为了表征介质折射率因波长不同而变化的程度，引入色散率 η 这个概念，是指介质色散率的量值等于介质折射率对波长的变化率。

$$\eta = \frac{\mathrm{d}n}{\mathrm{d}\lambda} \tag{8-7}$$

九、光传输模型

建立一个能正确模拟光在生物组织中的传输过程的数学模型是研究包括农产品、水产品等农业物料在内的生物组织光学特性的深层次问题。目前最常用的光传输模型有漫射近似模型、蒙特卡罗模型和集二者优点于一体的混合模型。

1. 漫射近似模型

大体上，生物组织的光学特性可由吸收系数 α_λ、反射系数 α_s 和相位函数 $f(g, \theta)$ 三个参数表征，其中 θ 是散射角，g 是各向异性因子。

生物组织内部及其周围的辐射场的能量辐射密度分为非散射和散射两个部分，其中非散射部分包括所有为被组织散射的光子，它满足比尔定律：

$$T_c = \exp(-\alpha_h h) \tag{8-8}$$

式中，α_h 表示总衰减系数，$\alpha_h = \alpha_\lambda + \alpha_s$，$h$ 表示样品厚度。

散射部分包括了至少被散射一次的所有光子，它可以精确地表示为勒让德多项式的无限项和。取其前两项，得到如下的漫射近似方程。

$$(\nabla^2 - k^2)\varphi(r) = -Q_0(r) \tag{8-9}$$

式中，$\varphi(r)$ 表示总散射光能量流；$Q_0(r)$ 表示与光源有关的向；k 表示与生物组织有关的常数。

对于一定厚度且折射率匹配的半无限大生物组织模型，可求得漫射方程的解析式。但是对于折射率不匹配的有限大小的生物组织，情况要复杂得多，需考虑到各种各样的边界条件。对不同形式的入射光在不同的边界条件下求解漫射方程，结果表明，可用一种外加的边界条件来处理折射率不匹配的问题。

漫射理论的优点是在某些特定情况下可快速给出解析解，缺点是它不适用于研究光源附近及生物组织边缘区域的光的传输与分布，而在许多实际应用中，了解这些区域的光分布情况又是很重要的事情。

2. 蒙特卡罗模型

该模型是一种统计模拟随机抽样的方法，已用于模拟各种运输现象。利用该模型模拟光在生物组织中的运输过程，实际上是记录每个光子在组织中的行迹。总体上讲有以下四个步骤。

① 根据入射条件确定起始跟踪点。

② 确定光子行进的方向和下一次碰撞的位置。

③ 确定在碰撞位置处该光子是发生了散射还是吸收，若发生散射，则需选取适当的散射相位函数来确定散射后光子的新的运动方向。

④ 返回②，如此循环计算，直到光子的权重小于某一设定值或光子逸出组织上下表面时就结束对该光子的跟踪，然后返回①中记录另一光子，直到所设定的光子数全部被跟踪完毕为止。

该模型的主要优点是精度高且可模拟任意边界条件的介质；可同时得到多个光学参量的值；灵活、可编程、适应性强等。其主要缺点是收敛速度慢；在给定时间内光子被接收的概率小；为得到可靠的计算结果，需跟踪大量光子的行迹，因此所费机时较多。

该算法已在研究生物组织中的光传输方面发挥了不可替代的作用。它除了能够求解生物组织中的光分布外，还能够从大量数字模拟中得到光在组织中的宏观分布与其光学性质基本参量之间的确定的经验关系。为适应生物组织的多样性、复杂性的要求还需要继续开展新的更有效的算法研究，发展非稳态光传输的蒙特卡罗模拟方法也是一个重要的研究课题。

3. 混合模型

混合模型是将蒙特卡罗模型的精度优势和漫射近似模型的速度优势结合在一起，它比蒙特卡罗模型的速度更快，比漫射近似模型的精度更高。混合模型的出现为从理论上解决生物组织中的光传输问题注入了新的活力，但目前该理论还大都限于研究生物组织模拟体的情况，未来工作重点是如何尽快用于研究实际生物组织中的光传输问题。

第二节　农业物料的光学测定原理与方法

一、透光特性的测定

1. 光透过特性的测定原理

光波透过一定厚度的介质材料后，其发光强度减弱程度与光在介质中经历的路程和介质的特性有关。取厚度为 dx 的一层介质，当光通过这层介质时（图 8-3），发光强度由 I' 减少为 $I' - dI'$。实验表明，在相当广阔的发光强度范围内，发光强度的减少与发光强度及介质厚度成正比，即

$$-\mathrm{d}I' = a_\lambda I' \mathrm{d}x \tag{8-10}$$

式中，吸收系数 a_λ 与光强无关，$a_\lambda = 1\mathrm{m}^{-1}$ 表示光波透过 $1\mathrm{m}$ 厚物质后，光强衰弱到原来光强的 $1/e$ 倍。

将式（8-10）整理可得：

$$-\mathrm{d}I'/I' = a_\lambda \mathrm{d}x \tag{8-11}$$

将此式积分得：

$$\int_{I_1}^{I_2} \frac{1}{I'} \mathrm{d}I' = \int_0^b (-a_\lambda) \mathrm{d}x \tag{8-12}$$

得到 Lamber's law 式（朗伯定律式）：

$$\ln\left(\frac{I_2}{I_1}\right) = -a_\lambda b \text{ 或 } I_2 = I_1 e^{-a_\lambda b} \tag{8-13}$$

当光波被透明溶液中溶解的物质吸收时，吸收系数 a_λ 与溶液浓度 c 成正比，即

$$a_\lambda = k_i c \tag{8-14}$$

式中，k_i 表示与波长有关而与浓度无关的常数。

式（8-13）可变为：

$$I_2 = I_1 e^{-k_\lambda cb} \tag{8-15}$$

这一关系式称为比尔定律式（Beer's law）。比尔定律表面被吸收的光能与光路中吸光的分子数成正比。比尔定律就是通过测定吸收系数 a_λ 求透明液体食品浓度的根据。然而要使比尔定律成立，要求光路中吸收光的每个分子对光的吸取不受周围分子影响。当溶液浓度大到足以使分子间的相互作用影响吸光能力时，比尔定律所表现的关系就会出现误差。

实际测定时，常使用光密度（D）作为测定指标。据比尔定律，溶液的某特定波长的光密度正比于吸光物质浓度和它在该波长时的吸收常数，即

$$D = \lg(I_1/I_2) = a_\lambda b/2.303 = k_\lambda cb/2.303 \tag{8-16}$$

如果光程单位用 cm，吸光物质浓度单位用 mol/cm，则常数 k_λ 单位为 $\mathrm{cm}^2/\mathrm{mol}$。当采用 $\mathrm{m}^2/\mathrm{mol}$ 单位时，k_λ 称为摩尔吸收常数。当液体中有一个以上的吸光成分时，式（8-16）也可写为：

$$D = \sum (k_{\lambda i} c_i b)/2.303 \tag{8-17}$$

式中，c_i 表示第 i 个成分浓度；$k_{\lambda i}$ 表示波长为 λ 时的第 i 个成分吸收常数。

以光密度 D 为纵坐标，波长为横坐标，绘制的曲线称为摩尔吸收光谱曲线。

对物料品质实际测定利用 D 值并不方便，应用较多的是用两个波长的光密度差 ΔD（或 ΔA_λ）来确定物料的光透过特性。

设 $A_{\lambda 1}$ 和 $A_{\lambda 2}$ 是试样在两个波长 λ_1 和 λ_2 时的 D 值，$A_{\lambda 1s}$ 和 $A_{\lambda 2s}$ 分别为样品总某待测成分对应于波长 λ_1 和 λ_2 时的 D 值，$A_{\lambda 1R}$ 和 $A_{\lambda 2R}$ 分别为样品中其他成分相应的 D 值，则

$$A_{\lambda 1} = A_{\lambda 1s} + A_{\lambda 1R}, \quad A_{\lambda 2} = A_{\lambda 2s} + A_{\lambda 2R}$$

$$\Delta A = \Delta D = (A_{\lambda 1s} - A_{\lambda 2s}) + (A_{\lambda 1R} - A_{\lambda 2R})$$

当选择合适波长 λ_1 和 λ_2，使 $A_{\lambda 2R} = A_{\lambda 2R}$，则

$$\Delta D = A_{\lambda 1s} - A_{\lambda 2s} = (k_{\lambda 1} - k_{\lambda 2})cb/2.303 \tag{8-18}$$

显然，这时避免了其他成分引起的测量误差。分光光度计就是以光透过度为测量基础的光谱分析仪器。

2. 测定装置

检测物料的光透过特性或光反射特性所用的仪器最典型的构造，由光源、光谱分离器、光波检测器、示波器、记录仪等组成。

光源：一般采用标准白光源，提供可见光范围的连续光谱。

光谱分离器：可以把特定波长光分离出来的部件。到达试样的光的纯度或特性取决于分光手段，一般分光手段采用棱镜或衍射光栅做的单色仪，也可以使用滤光镜达到同样效果。

光波检测器：检测器选择时要考虑到反应速度、光谱响应、灵敏度、杂波水平、电阻抗、尺寸、价格等因素。一般测定透光或反射光的检测器，在可见光领域常用硫化铅光敏电阻。

示波器、记录仪：把检测器感知的信号放大，并且显示、记录。

以一种 ΔD 测定仪——差分仪为例，简述这种装置。如图 8-6 所示，光源发出的光通过缝隙、滤光转盘、反射镜和投射镜入试样。入射波的波长由滤光盘上 A 和 B 滤光器决定。即同步电动机转动时，A、B 滤光器使得从光源发出的光变成不同波长的试样的光密度。当光线通过试样，被光电管感知可得到两种脉冲信号，信号由光电开光 3（光控继电器）控制，分别送入记忆电容中去。记忆电容按照由光电管传来的电信号强弱产生响应电压。这两者电压的差可以通过图中电压计刻度盘读取。于是经过换算就可以测定出光密度差 ΔD。

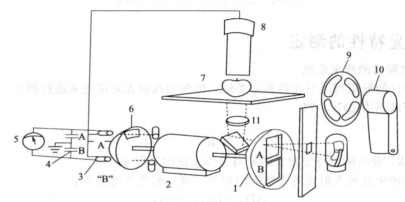

图 8-6　差分仪的构造及测定示意

1—滤光盘；2—同步电动机；3—光电开关；4—记忆电容；5—电压计；6—同步开口；
7—试样；8—光电管；9—校正屏；10—同步电动机；11—透镜 A、B 滤光器

3. 光密度差的求出与两种波长的选择

为了提高测定精度，在测定光密度差时要选择两种特定波长的光。一种波长应该是对于待测定成分的变化十分敏感；一种波长相反，应是对待测定成分变化几乎没有反应。由于两波长一般都对试样尺寸、光源、检测器等因素的变化反应敏感，故后一种波长就作为参照波长，用来抵消这些因素的影响。例如，根据温州蜜橘颜色选果时，所使用的两种波长分别为 681.6nm 和 700.0nm，那么得到的 ΔD 值与叶绿素含量有着很好的相关关系，如图 8-7（a）所示。而图 8-7（b）说明即使橘果的大小有差异，但对 ΔD 值几乎没有影响，即使用这两种波长测定时，虽然果实的尺寸不同，但可以完成颜色选果。

4. 利用光密度比测定

当测定厚度不同的果实时，为了消除果实尺寸的影响，可以利用两个不同波长的光密度比进行测定，其理由是，根据朗伯定律，$I_2 = I_1 e^{-\alpha_\lambda \delta}$，$\alpha_\lambda$ 为吸收系数，δ 为式样厚度。$D = \lg(I_1/I_2) = \alpha_\lambda \delta / 2.303$，当分别用波长为单色光测定同一试样的 D 时，$D(\lambda_1)/D(\lambda_2) = \alpha_{\lambda 1}/\alpha_{\lambda 2}$，即在关系式中不会出现厚度。

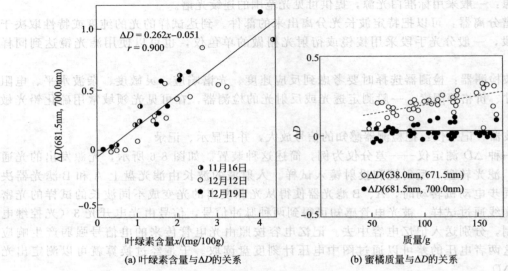

(a) 叶绿素含量与ΔD的关系　　　　　(b) 蜜橘质量与ΔD的关系

图 8-7　温州蜜橘光密度差测定结果

二、反射光特性的测定

1. 光反射特性的测定原理

反射光特性的测定与透射光的测定类似，也利用反射光密度差来进行测定。两束特定波长的反射光密度差为 ΔD_r，则

$$\Delta D_r = lg\left(\frac{1}{R_2}\right) - lg\left(\frac{1}{R_1}\right) \qquad (8\text{-}19)$$

式中，R_1 和 R_2 表示两束特定波长的光对物体表面的反射率。

如果选定两束波长入射光的强度近似相等，则反射光密度差为：

$$\Delta D_r = lgI_{r2} - lgI_{r1} \qquad (8\text{-}20)$$

2. 反射率的测定

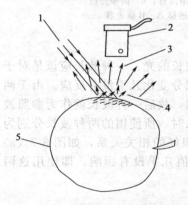

图 8-8　测定物体反射率时光源、
试件和检测器的相互位置
1—入射光；2—检测器；3—体反射；
4—常规反射；5—样品

测定光的反射率时，光源、物料和检测器的配置方法如图 8-8 所示，阴影部分表示测定光近似通过的区域。

测定反射率时，一般是将一束光同时照射到物料样品和一个标准的白色参照表面（一层氧化镁）上，并对它们反射光强度进行比较，以确定反射率，如图 8-9 所示。由光源 A 发出的光经棱镜片 B 色散，并被 C 分隔成一个狭窄的波长范围。通过狭缝的光束被涂银的镜片 D 分成两束相同强度的光束。通过镜片 D 的光束投射到一个标准的白色氧化镁表面上，而由镜片 D 反射的光束被镜片 E 再反射到试样表面。一般地说，试样表面的反射率比白色表面低，投射到标准白色表面上的光强度可通过光量调节器 F 来减弱，直至标准表面和试样表面具有相等的反射光强度。例如，投射到标准白色表面上的光减弱到 70% 时才能和试样表面反射的光强度保持一致，则试件在该波长的反射率为 70%。在实际应用中，测定物料各波长时的反射率，以波长 λ 为横坐标，以反射率 R

为纵坐标，即可绘制出物料反射率光谱特性曲线。

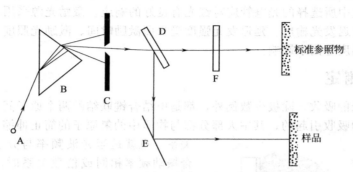

图 8-9　用于测定反射率的分光光度法原理

三、延迟发光特性的测定

延迟发光（DLE）具有暗期恢复、光饱和及感温性等特点。常用于含叶绿素的果蔬类食品物料的检测。利用延迟发光特性对果蔬进行分选具有以下优点：

1）选择光源的范围大，因此装置简单（注意，在 625～725nm 的光激发作用较强）。

2）照射和测定 DLE 的时刻可在不同场所进行，对于机械的设计带来方便。

3）除光电管外，不需要其他光学元件，装置比较简单。

4）没有一般透光测定时，荧光带来的影响误差。荧光给 D 带来的误差有时高达 25%。

以上优点，都使得食品等物料精选工程中应用 DLE 非常方便。DLE 的利用在迅速测定生鲜农产品物料类的叶绿素含量和判断新鲜程度方面有着一定优势。

图 8-10 表示农产品物料延迟发光特性的测定装置简图。光源 LS 通过一组透镜 L_1、L_2 和 3 个中性密度滤色片 F_1、快门 SH，照在镜片 M 上。光被镜片 M 反射，照射到放置在暗室 CH 内的样品 S 上。光源利用风扇 F 冷却。为研究温度对延迟发光强度的影响，在暗室内还装有加热器 H、隔热屏 HS 和热电偶 TC。镜片 M 是铰接的，当快门 SH 关闭后镜片及时地切断光源通路。样品的延迟发光通过干涉滤色片 F_2、紫外光滤色片 F_3 和聚光镜 L_3，由光电倍增管 PMT 接收。暗室和光的通道的内壁均涂黑以吸收散射光。样品激励光照射面积由

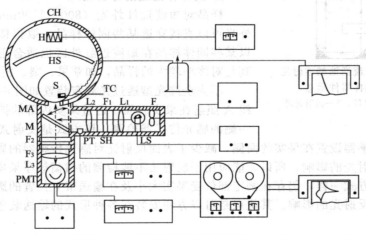

图 8-10　延迟发光测定装置简图

暗室中的罩子 MA 调节。

　　一般延迟发光强度的峰值在 650～750nm 范围内，该光谱范围正好是在红光光谱区域。因此，在测定装置中所选择的光电管应对红光有良好的响应。激励光源采用白炽灯或荧光灯均可得到良好的延迟发光输出。延迟发光强度受光照激励时间、激励光照度、光照激励前的暗期长短及样品温度等因素影响。

四、近红外测定

　　物质对红外线的吸收，除极少数例外，都是由结合键联结的两个原子间简正伸缩振动的谐波或结合振动的吸收引起的，其中大部分都与物质中的氢原子的简正伸缩振动有直线相关

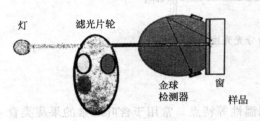

图 8-11　近红外测量原理

关系。也就是当光波频率与分子构造中原子结合振动频率相同或倍数关系时，该波长的波就被吸收。近红外测量原理如图 8-11 所示。

　　近红外光谱分析技术是利用近红外谱区包含的物质信息，主要用于有机物质定性和定量分析的一种分析技术。近红外光谱的常规分析技术有透射光谱（NITS）和漫反射光谱（NIRDRS）两大类。其中，NIRDRS 是根据反射与入射光强的比例关系来获得物质在近红外区的吸收光谱；NITS 则是根据透射与入射光强的比例关系来获得物质在近红外区的吸收光谱。一般情况下，比较均匀透明的液体选用透射光谱法。固体样品（粉末或颗粒）在长波近红外区一般选用漫反射工作方式，在短波近红外区也可以选用透射工作方式。

1. 液体样品透射分析法

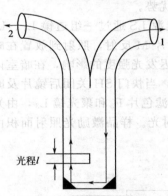

图 8-12　流通池型透射光
纤测样器件示意
1—入射光纤；2—出射光纤

透射分析除了可用一般的透射式样品池外，还可以采用光纤探头，图 8-12 为流通池型透射光纤测样器件示意图，探头前方开窗作为液体样品池，如果仪器工作在长波近红外区，窗体应开得较窄，如果仪器工作在短波近红外区，窗体要开得较宽。工作时，入射光通过导入光纤照射到液体样品上，透射光经过出射光纤进入检测器检测。

2. 固体样品透射分析法

　　样品对短波近红外光（800～1100nm）吸收较弱，近红外光可以直接穿透某些固体样品，取得样品深层的信息，所以某些固体样品在短波近红外区也适合用透射分析方法，尤其是对体型较大的样品，如苹果、梨、柑橘等。

　　不完全遮光型透过光测定装置如图 8-13 所示。近红外光线 A 照射在果实表面，透过果实内部的扩散光 B 由设置在另一侧的感光传感器检测。该方式是反射式的改进，由于照射光和感光传感器设置在果实的两侧，减少了表面反射光对感光传感器的影响。该方式部分消除了表面反射光的影响，所以，能应用于反射法不能检测的柑橘等厚果皮果实。但是，该方式和反射光方式一样，仍存在测定部位受果实大小及在输送带上位置的影响这一问题，且难以完全消除反射光的影响。其优点是可以方便安装在各种形式的输送装置上，因而得到了广泛应用。

　　完全遮光型透过光测定装置如图 8-14 所示。两组呈水平圆弧状排列的光源位于输送装置的上方，且对称排列在输送装置的两侧；水果由人工置放在输送装置的果斗上，果斗中部

有垂直通孔，与水果接触的表面内侧为海绵材料，可使水果表面与果斗紧密贴合；透过光测定部分位于输送装置的下方。水果随输送装置运动到测定装置时，水果周围呈圆弧排列的光源光线，均匀地照射在水果表面，透过水果内部的透过光，经过斗中部的通孔由感光传感器检测。

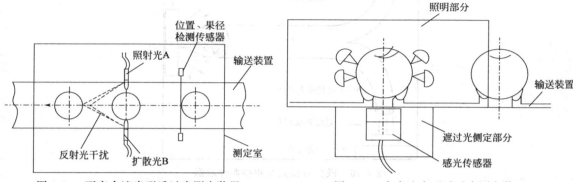

图 8-13　不完全遮光型透过光测定装置　　　　图 8-14　完全遮光型透过光测定装置

3. 漫反射光谱法

　　一般情况下，固体样品（粉末或颗粒）在长波近红外区适合用漫反射测定。

　　样品在长波近红外区的摩尔吸光系数较大，吸收较强，光的穿透力较弱，如果仪器的工作谱区是长波近红外区，一般可以选用漫反射的工作方式。漫反射工作方式的检测器与光源同侧，检测的是样品的漫反射光，其检测的原理是，波长比样品颗粒直径小得多的近红外光照射到样品上，样品作为漫反射体存在，漫反射体与光的相互作用主要有光的全反射、漫反射、散射、吸收和透射等几种形式，如图 8-15 所示。因全反射（又称镜面反射）光不携带样品的内部信息，在检测时应尽量避免，常用的方法是让检测器与入射光之间成一定夹角（如 45°），使其检测不到镜面反射光，即镜面反射不会影响测定；样品无限厚时透射光可忽略；漫反射光的强度取决于样品对光的吸收及样品物理状态决定的散射；这样，近红外漫反射光谱定量分析可以只考虑样品对光的吸收、散射和漫反射。在漫反射过程中，分析光与样品表面或内部作用，光传播方向不断变化，最终携带样品信息又反射出样品表面，然后由检测器进行检测，这是固体样品中最常见的一种测试方式。图 8-16 所示为漫反射型光纤器件，它由多根光纤集束而成，这种光纤的传输距离短，一般不宜超过 3m。

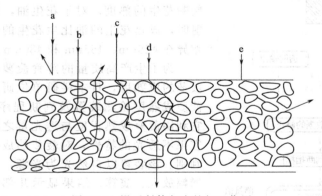

图 8-15　漫反射体与光的相互作用
a—全反射；b—漫反射；c—吸收；d—投射；e—散射

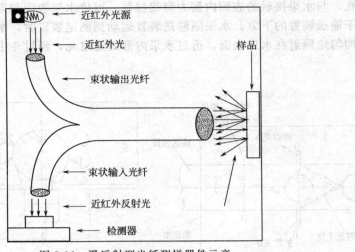

图 8-16　漫反射型光纤测样器件示意

第三节　农业物料光学性质的工程应用

　　农业物料是光强度的强散射介质，光在物料内多次散射和重新分布是光和农业物料相互作用的主要特征。经过多年对各种农业物料光学特性的广泛研究，其成果在生产和科研中获得了大量的应用。农业物料光学特性，如反射特性提供了农产品表面特征的信息，如颜色、表面缺陷、病变和损伤等；而对光的吸收和透射特性则是农产品内部结构组成、内部颜色和缺陷等信息的载体。这些特征应用于判断农业物料的不同颜色、区分质量优劣、成熟度等，从而对农产品进行分选和质量分析。

一、颜色和成熟度分析

1. 农产品成熟度

　　因为花生随着成熟其光密度减少，因此可以用波长为 480nm 和 510nm 两种波长光测定光密度用以判断花生的熟度。对于花生油，在特定的波长光照射时，成熟花生的油比生花生的油透光性要好，其差异在 425nm、455nm 和 480nm 最为显著。

　　为了生产高质量的鲜食菠萝，能在收获前判断菠萝的成熟度，日本科研单位研制开发出了便携式菠萝成熟度检测装置及判断程序，如图 8-17 所示。它利用菠萝成熟程度与透光量之间的关系以及重病害果不透光的特性，对菠萝的成熟度和病害果进行判别。该装置以自然光为光源，由检测、信号输出增幅放大、演算、结果显示几部分组成。菠萝的成熟度不同，投射光量也不同。相对未成熟果而言，成熟果投射量是其 10～15 倍，过成熟果是其 10～100 倍，它们之间相差很大。成熟度通过发红、黄、

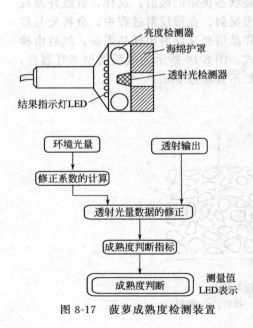

图 8-17　菠萝成熟度检测装置

绿色的 LED 灯指示，其中，重病害果作为未成熟果处理。经试验，采摘后的检测精度分别为 80％和 95％。

2. 农产品颜色

对水果表皮的颜色或伤疤的检出可以利用光的反射特性。测定的一般原理是，用传感器测定物料在光源照射下的反射光，通过反射率 R、减光度 $\lg(1/R)$ 或反射光的分光光谱来判断物料的反光特性。

以上方法已在柑橘、柠檬、桃、梨、柿子、香蕉、草莓、菠菜、萝卜等食品上得到广泛应用。其中温州蜜橘和柿子的分光反射特性如图 8-18 所示。可以看出，无论是橘子还是柿子在波长为 670nm 附近都出现一个反射低谷，这是叶绿素吸收的结果。利用这种方法，可以准确地由光电二极管的输出信号差判断橘子熟度。因此，如图 8-18（c）和（d）所示，当叶绿素含量越多（越绿），反射强度就会变小。因此，为了消除条件因素的影响，同 ΔD 一样，也可采用两单色光反射率比 $R_{\lambda 1}/R_{\lambda 2}$ 来确定表面颜色。

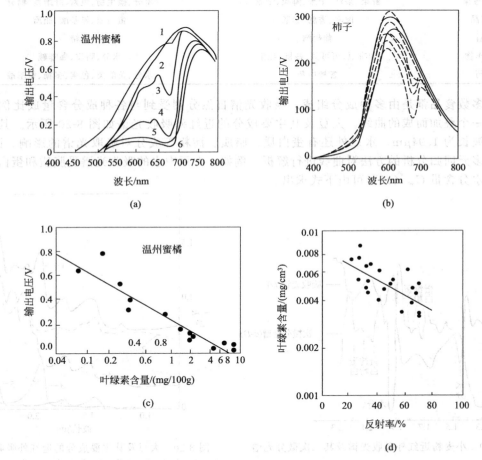

图 8-18　温州蜜橘与柿子的反射特性及叶绿素含量

二、物料化学成分的分析

1. 谷物和肉产品的含水量

对谷物的甲醇提取物水分测定使用 1940nm 光吸收带，其测定结果与化学试剂法测定值相比，标准差为 ±0.24％。利用此原理对花生豆水分测定的研究结果发现 ΔD（970nm，

900nm）与水分含量相关。在含水率为 30％左右的试样范围，测定误差在 0.7％以内。对于大豆水分测定，采用 ΔD（1940nm，2080nm）法，比干燥法测定标准偏差仅为 0.1％。

2. 多种食品成分近红外法测定

对于谷类的近红外成分测定最早是由测定水分含量开始的。经过近 20 年的开发，随着电子技术和计算机技术的进步，目前已能对谷类所含蛋白质、脂质和糖质等进行分析测定。近红外测定在食品成分分析中应用较多，目前常见的应用如表 8-1 所示。以小麦为例，从其吸收光谱和微分光谱可以找出各种小麦蛋白的光谱吸收特性和归属。小麦粉的近红外光吸收光谱及其微分光谱如图 8-19 所示。

表 8-1　近红外分光光谱测定的对象和成分

类别	品种	成分
谷物	小麦、大豆、玉米、豌豆、高粱、大米	水分、蛋白质、糖分、氨基酸、脂质
果品、蔬菜	鲜果、果汁、干果、鲜菜、干菜	水分、微生物、色素、纤维素、糖分
肉制品	肉糜、香肠、腊肠	蛋白质、氨基酸、脂质
饮料	葡萄酒	酒精
经济作物	咖啡豆、可可豆、核桃、花生	水分、脂质、咖啡碱
中药	各种中药	水分、黄酮类、色素、多糖、氨基酸

大多数食品都是由多种成分组成。吸收光谱自然分别受到与各种成分含量成比例的影响，是一个叠加而成的曲线。大豆及其主要成分的近红外吸收光谱如图 8-20 所示。其中水的吸收波长为 $1.94\mu m$。水以外还有蛋白质、脂质、淀粉等成分对吸取光谱的影响。因此，必须用多元回归分析的方法对曲线进行解析。例如，大豆中水的吸收光谱受脂质和蛋白质影响时，水分含量 C_w（％）可由下式求出。

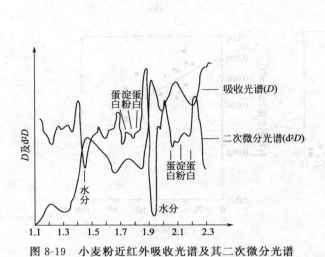

图 8-19　小麦粉近红外吸收光谱及其二次微分光谱

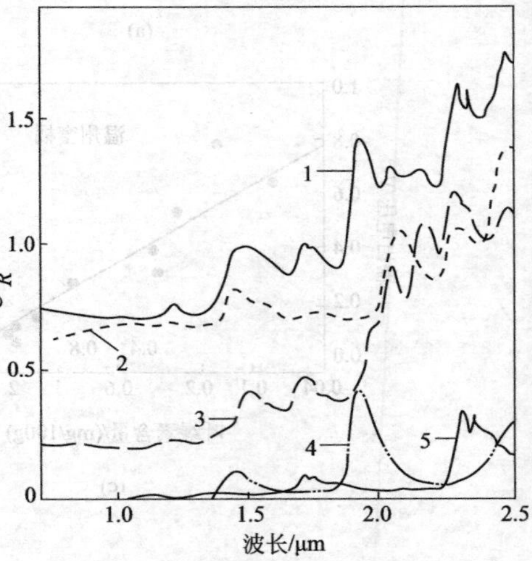

图 8-20　大豆及其主要成分的近红外吸收光谱
1—大豆；2—淀粉；3—蛋白质；4—水；5—油

$$C_w(\%) = K_0 + K_1 \Delta D_w + K_2 \Delta D_o + K_3 \Delta D_p \tag{8-21}$$

式中，ΔD_w、ΔD_o、ΔD_p 分别为水、脂质和蛋白质吸取带的光密度差。对于脂质含量 C_o 和蛋白含量 C_p 也可用类似式表示。

$$C_o = K'_0 + K'_1 \Delta D_w + K'_2 \Delta D_o + K'_3 \Delta D_p \tag{8-22}$$

$$C_p = K''_0 + K''_1 \Delta D_w + K''_2 \Delta D_o + K''_3 \Delta D_p \tag{8-23}$$

以上三式中 K 值成为待定系数，可以用已知成分正确含量的校正试样的多元回归方法求出。

三、农产品损伤缺陷检测

1. 苹果内部病变

通过透光法可以测定苹果的糖蜜病，由于蜜病区细胞间的空隙充满了水，因此对入射光扩散减少，D 值也减少。如图 8-21 所示，使用水吸收峰值的 760nm 和 810nm 两个波，即可发现糖蜜病变。对于苹果内部的褐变，如图 8-22 所示，随褐变加重 D 增加，采用的基本波长为 600nm 和 740nm。

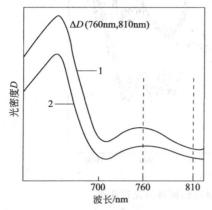

图 8-21　苹果的糖蜜病变与 D 的变化
1—正常果；2—糖蜜果

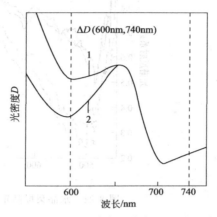

图 8-22　苹果内部褐变与 D 变化
1—内褐变果；2—正常果

2. 水晶梨表面轻微损伤检测

水晶梨在采摘和运输过程中易产生轻微碰压伤，其区域和正常区域在外部特征上呈现出极大的相似性，但其内部组织却发生了一定的变化，这种变化可以通过特定波长下的光谱表现出来。高光谱图像技术集成光谱检测和图像检测优点，被用在水果表面碰压伤检测。高光谱采集系统如图 8-23 所示。它是由基于光谱仪的高光谱摄像机、一个光纤卤素灯、一套高精度输送装置和一台高性能计算机等部件组成。高光谱摄像机的光谱采集范围为 408～117nm，光谱分辨力为 2.8nm，光谱的采样的平均间隔为 0.69nm，这样在 408～1117nm 波长范围内有 1024 个波长采样点。

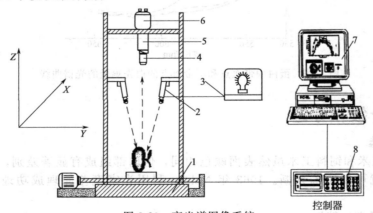

图 8-23　高光谱图像系统
1—移动平台；2—光纤卤素灯；3—光源；4—镜头；5—分光系统；6—摄像机；7—计算机；8—移动平台控制器

通过光谱系统采集的水晶梨图像上每个像素点都存在不同波长下的光谱信息。图 8-24 表示水晶梨样品正常区域与碰伤区域在 450～1050nm 范围内的光谱曲线。从图中可以看出，碰压伤区域与正常区域的光谱曲线在波长 500～850nm 之间区别较大，而在 500nm 以下和 850nm 以上的光谱曲线噪声明显。因此，在后期的数据处理中，选取 526～824nm 范围内的光谱图像进行分析。在根据主成分分析法、最大似然法等对碰压伤区域进行识别。

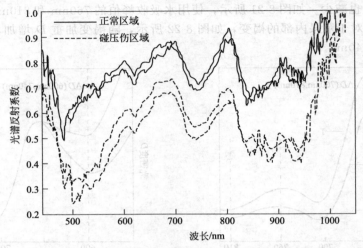

图 8-24　水晶梨样品正常区域与碰压伤区域的光谱曲线

3. 鸡蛋中血点

用波长 575nm 的血液吸收带测定法能良好地检测白壳鸡蛋蛋白中的血点，如图 8-25 所示。如果不考虑蛋壳颜色则可根据波长为 577nm 和 597nm 的光密度差检测鸡蛋中的血点。当血点直径为 3.2～6.4mm 时，其精确性可达 70%；当血点直径为大于 6.4mm 的拒收鸡蛋时，其准确性可达 100%。

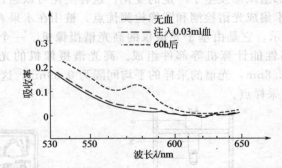

图 8-25　蛋白中带血点和不带血点的白壳鸡蛋的光谱曲线

四、自动分级和分选

1. 玉米分选

菜用的甜玉米和饲料玉米虽然表面颜色相同，但内部组成有显著差别，用人眼难以分辨，用透光法就可以正确判断。1968 年 Nelson 利用光密度差原理成功地开发了玉米选别机。

2. 果实种子有无筛选

1966 年 Allen 等根据透光测定原理开发了果实中种子有无检测选果机，如图 8-26 所示。

图示的是樱桃种子选果机，图的下方为透光检测部分，成阴影检测器。光源和阴影检测部位正对。光源发出的光通过散射也可以传到旁边的辉光检测器。辉光检测器接收的信号不受种子有无的影响，只给判断果实有无阴影一个参照信号，即自动补偿表皮颜色、果肉特性、果实大小和光源变化等引起的误差。把两检测器信号经过差动放大，当信号达到一定值时，则由排除机构去除。

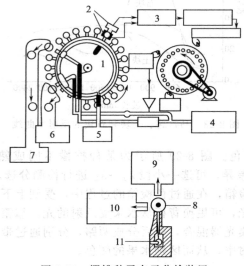

图 8-26　樱桃种子有无分检装置

1—光源；2—检测器；3—识别回路；4—加压空气；5—真空泵；6—接收料斗；
7—排除料斗；8—樱桃；9—阴影检测器；10—辉光检测器；11—光源

3. 鸡蛋新鲜程度

鸡蛋的新鲜程度常用的检测方法是可见分光法的投射方式。鸡蛋分光检测系统由光源组、单色器、多功能样品室、光点倍增管、放大器、接口板、微型计算机组成，如图 8-27 所示。

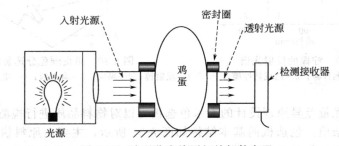

图 8-27　鸡蛋分光检测相关部件布置

4. 马铃薯和土块、石块分离

用不同波长的光照射马铃薯、土块和石块发现，马铃薯在波长 600～1300nm 的反射率 $R_{\lambda 1}$ 比土块和石块大，而马铃薯在波长 1500～2400nm 时的反射率 $R_{\lambda 2}$ 比土块和石块小，如图 8-28 所示。因此，该波长范围内马铃薯的 $R_{\lambda 1}/R_{\lambda 2}$ 的值式中比土块和石块大。利用这个特性即有可能从土块和石块中把马铃薯分离出来。

5. 颜色和成熟度自动分级

水果表皮的颜色可以利用发射光特性来鉴别，将一定波长的光照射水果，根据其反射光

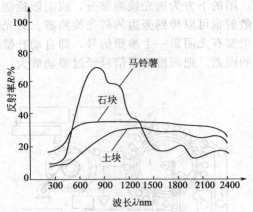

图 8-28　马铃薯、土块和石块的反射率曲线

的强弱可以判别其表面颜色。图 8-29 所示为某种柠檬不同成熟度的反射光谱。在波长 678nm 处，二者有明显的差异，可选一小段 $\lambda_1 \sim \lambda_2$ 进行检测分选。果色分选装置如图 8-30 所示。水果依次下落至色检箱，在通过色检箱的过程中，受到上下光线的照射。对于不同的物料，为得到适宜波长的光，可更换背板从水果皮反射的光，靠箱内相隔 120° 配置的镜子反射进入到三个透镜，通过集光器混合，然后分成两路，分别通过带有不同波长滤光片的光学系统，得到不同波长的反射率，从而区别水果的颜色。

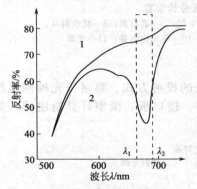

图 8-29　柠檬的反射光谱
1—未成熟柠檬；2—已成熟柠檬

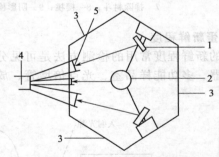

图 8-30　果皮颜色分选装置
1—反射镜；2—果实；3—背景板；4—集光器；5—透镜

　　基于物料反射光量差异原理设计的大米色选机可以对物料品质进行检测，并利用电磁排料器去除异色粒或杂质。色选机的基本结构如图 8-31 所示，主要由原料供给、光电检测系统、信号处理、分选等部分组成。其中光电检测系统是核心，目前有单色光检测系统、双色光检测系统和三视双色光检测系统。一般色选机可以根据用户需要定制复选通道的数量，而最先进的色选机已经利用数字图像技术、近红外技术有效地实现了只将不良品去除的目的。

　　利用物料不同的延迟发光特性设计出了一种自动分选机，如图 8-32 所示。物料延迟发光强度和它的叶绿素含量有关，叶绿素含量高，延迟发光强度大，则成熟度低。利用这个原理可将物料按成熟度自动分选。物料首先用光照激励，经过一段时间间隔后测定其延迟发光强度。根据延迟发光强度的强弱不同分成两类，一类是成熟的合格产品，一类是不成熟的不合格产品。

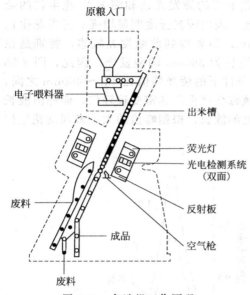

图 8-31　色选机工作原理

原粮入门
电子喂料器
出米槽
荧光灯
光电检测系统（双面）
废料
反射板
成品
空气枪
废料

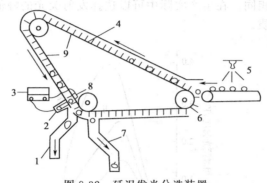

图 8-32　延迟发光分选装置

1—差果排出；2—影像检测器；3—电源及控制器；4—物料传送带；
5—灯；6—匀速传动轮；7—好果出口；8—偏转螺线管；9—暗室

五、水果和蔬菜品质无损检测

1. 涩柿子口感无损检测

柿子可分为甜柿和涩柿两类。涩柿必须脱涩后才能食用，而柿子的脱涩程度个体之间存在较大差异，所以实施快速无损检测技术进行甜、涩柿的分选势在必行。通常，当可溶性丹宁含量在 0.5％以上时，人们就会感觉柿子发涩，而在 0.5％以下时就会觉得甜。柿子脱涩是因可溶性丹宁物质转化为不可溶性俗称褐斑的物质所致。这种褐斑物质是检测甜柿的重要元素。当可见光照射到柿子上时，如果存在褐斑物质，丹宁细胞吸收光线，透过光减少，柿子颜色呈暗红色；相反，当涩柿的丹宁细胞还没有褐变时，光透过发涩部位，使柿子颜色发红亮。通过光照后柿子颜色的变化，即可进行涩柿的无损检测。但这种原理只适于不完全甜柿。

2. 花生仁黄曲霉素检测

花生仁被黄曲霉菌污染产生的一种黄曲霉素在紫外光激发下可产生荧光，所以可以使用荧光分析的方法对其进行快速检测。荧光越强，表明黄曲霉素的含量越高，污染越严重。花生仁表面荧光测定系统如图 8-33 所示。光源发出的紫外光线经主单色仪分光后，分成两路，一路进入激发探测器，并通过比值法消除光源波动的影响；一路直接照射在花生仁表面，由花生仁表面产生的荧光经发射单色仪分光，并由发射探测器检测，得到与荧光强度成正比的电压信号。

按荧光强度将花生仁分成三类，即强荧光（Ⅰ类霉变严重仁）、弱荧光（Ⅱ

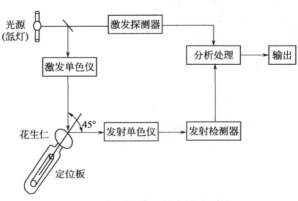

图 8-33　花生仁表面荧光测定系统

光源（氙灯）
激发探测器
分析处理
输出
激发单色仪
花生仁
45°
发射单色仪
发射检测器
定位板

类霉变较轻仁）和无光（Ⅲ类正常仁）。从图 8-34 花生仁的激发光谱和图 8-35 花生仁的荧光光谱，可以看出，随着花生仁变色变质程度的发展，表面荧光强度明显增强；三类花生仁的最佳激发波长，即产生荧光最强的波长约为 300nm。但要得到此激发光较难，特别是在实际生产中现场检测，而普通高压汞灯很容易产生波长为 365nm 的激发光。因此，图 8-35 中的发射荧光光谱就是采用 365nm 的激发光。在此条件下的荧光峰值在 430～480nm 之间，即呈现的荧光颜色为蓝色光。正常仁的荧光强度地域霉变严重仁和霉变较轻仁，而峰值波长基本相同。在生产实际中可以选择发射荧光的峰值处的波长，根据峰值的大小来判别花生仁的品质。

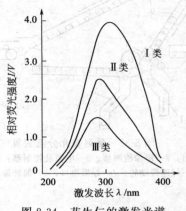

图 8-34　花生仁的激发光谱

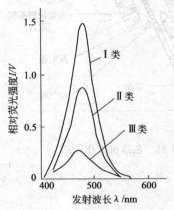

图 8-35　花生仁的荧光光谱

第九章　农业物料的电学特性

农业物料电学特性主要指农业物料在外加电场的作用下产生的导电特性、介电特性，以及其他电磁和物理特性。从广义上说，农业物料的电学特性可分为两类，一类是在物料内部存在某种能量而产生电位差，如生物物料中的生物电位差；另一类是指影响物料所在空间的电磁场及电流分布的一些特性，如电阻、电导、介电特性等。农业物料的电学特性被广泛应用于农业工程和食品工程，如农产品的储藏加工、保鲜、灭菌灭虫、清选分级、无损检测等诸多方面。

第一节　基本概念

一、电阻和电导

（一）电阻和电阻率（resistivity）

根据电路的欧姆定律可知，导体内的电流强度 I 与其两端的电位差 V 成正比，即 $V = IR$，R 为导体的电阻。电阻 R 可由下式确定。

$$R = \rho \frac{L}{A} \tag{9-1}$$

式中，R 为电阻，Ω；L 为导体长度，m；A 为导体横截面积，m^2；ρ 为导体的电阻率，$\Omega \cdot m$。

电阻率 ρ 是用来比较各种物质相对电阻大小的量，又称为比电阻，可用下式定义。

$$\rho = \frac{m}{e^2 Nt} \tag{9-2}$$

式中，ρ 为电阻率，$\Omega \cdot m$；e 为电荷，C；N 为单位体积内的电子数；t 为两次碰撞间的电子平均自由飞行时间，s；m 为电子质量，kg。

由以上两式可知，电阻 R 是与导体尺寸有关的量，而电阻率 ρ 是与导体尺寸无关的量。因此，电阻率是表征导体性质的一个物理量。

农业物料的电阻率不仅与物料种类和性质有关，而且还受温度、含水率和酸度的影响，其中以温度的影响最为明显。温度的升高引起电子间频繁碰撞，从而使电阻率增大，电阻增加。电阻率与物料内的自由电子数成反比，而含水率的变化影响到带电粒子的浓度，从而影响导电性。酸度则与物料内离子的情况有关，即与物料的电特性和磁特性有关。

由于金属在单位体积内的电子数远远大于非金属材料的电子数，因此金属电阻率比非金属材料低得多。真空是一个极端情况，由于真空中不存在自由电子，其电阻率为无限大。具有低电阻率的金属材料，在温度一定时电阻率不变，而气体、非金属材料和半导体则不同。

（二）电导和电导率（conductivity）

电导是描述物体传导电流性能的物理量，用 G 表示。物体的电导是指通过该物体的电流与该物体所加电压的比值。对于直流电路而言，这个数值即为电阻的倒数，其单位为 S。

$$G = \frac{1}{R} \tag{9-3}$$

电导率是电阻率的倒数，记为：

$$\sigma = \frac{1}{\rho} = \frac{L}{RA} \tag{9-4}$$

式中，σ 为电导率，S/m。电导和电导率的差别在于前者是对具体物体而言，因此它除了与物料性能有关外，还与该物体的大小、形状及导电时的测定位置有关，而电导率则仅与物料的性质有关。

介电常数是描述物料电特性的一个重要参数，在交流电场中它与电导率有如下关系。

$$\sigma = 2\pi f \varepsilon_0 \varepsilon_r'' = 55.6 \times 10^{-12} f \varepsilon_r'' \tag{9-5}$$

式中，σ 为电导率，S/m；f 为频率，Hz；ε_r'' 为介电损耗因数；ε_0 为大气介电常数，其值为 8.854×10^{-12} F/m。

当农业物料的状态或品质发生变化时，其电导和电导率也将随之改变。电阻率及电导率在确定农业物料的含水率和其他物理化学特性方面有着广泛的应用。

二、介电特性

（一）电介质（dielectric）

按导电性质的不同，物体可分为导体和非导体。导体又可分为两类，一类导体是电子导体，如金属，它是由于自由电子运动而导电的；另一类是离子导体，如电解质，它是依靠离子定向运动而导电。一般将电阻率超过 $10\Omega \cdot m$ 的物质归于电介质。电介质的带电粒子是被原子、分子的内力或分子间的力紧密束缚着，因此这些粒子的电荷为束缚电荷。电介质分子中的电子受到很大束缚力，致使电子不能自由移动，故电介质在一般情况下是不导电的。如空气、玻璃、橡胶及很多有机物都是良好的电介质，一些农业物料在某种程度上也属于电介质。

（二）电介质的极化（dielectric polarization）

任何物质的分子或原子（以下统称分子），都是由带负电的电子和带正电的原子核组成。整个分子中电荷的代数和为零。正负电荷在分子中都不是集中于一点，但在离开分子的距离比分子线度大得多的地方，分子中全部负电荷对于这些地方的影响将和一个单独的负点电荷等效。这个等效点电荷的位置称为这个分子负电荷"重心"。同样每个分子正电荷也有一个正电荷"重心"。在外电场存在时，可按正负电荷的"重心"重合与否，把电介质分为两类，即正负电荷"重心"重合的电介质称为无极分子；不重合的就称为有极分子。有极分子正负电荷"重心"互相错开，形成一个电偶极矩（dipole moment）称为分子的固有电矩。

如果将电介质置于外加电场中，则电介质将被极化。这时有极分子由杂乱的排列变为定向排列，形成定向极化，产生了束缚电荷；无极分子由于原子核偏离而极化，在电介质表面上出现正、负电荷。电介质的极化会产生相反电场，因而使电场中两电荷间的作用力减小，并使充满电介质的电容器极板间的电位差减小，电容量增大。

（三）介电特性（dielectric properties）

在电场作用下，电介质表现出对静电能的储蓄和损耗的性质称为介电特性，并将原外加电场与电介质中最终电场的比值称为介电常数（permittivity）。介电特性参数主要有三项，即相对介电常数 ε_r'、相对介质损耗因数 ε_r''、介质损耗角正切值 $\tan\delta$。它们之间关系可用下式表示。

$$\varepsilon_r'' = \varepsilon_r' - j\varepsilon_r'' = |\varepsilon_r''^*| e^{-j\delta} \tag{9-6}$$

$$\tan\delta = \varepsilon_r'' / \varepsilon_r' \tag{9-7}$$

式中，ε_r^* 为复数相对介电常数；ε_r' 为相对介电常数；ε_r'' 为相对介质损耗因数；δ 为介质损耗角；$\tan\delta$ 为介质损耗角正切值；$j = \sqrt{(-1)}$。

相对介电常数 ε_r' 是电介质固有的一种物理属性，表示物料可能储存的电场能量，反映物料提高电路模型中电容器电容量的能力。

$$\varepsilon_r' = \frac{C}{C_0} \tag{9-8}$$

式中，C 为以某种材料为介质时的电容器的电容；C_0 为以真空为介质时的电容器的电容。

物料的相对介电常数变化范围很大，如空气为 1，20℃ 时的水为 80，对于一定的混合物其值甚至更高，相对介电常数 ε_r' 还可用物料实际介电常数 ε 和真空介电常数 ε_0 的比值来表示。

$$\varepsilon = \varepsilon_r' \varepsilon_0 \tag{9-9}$$

其中，真空的介电常数 $\varepsilon_0 = 8.85 \times 10^{-14} \text{F/cm}$。

（四）介质损耗（dielectric loss）

将平板电容器两极板间充以电介质，在高频电场作用下电介质将被极化，有极分子在电场中不断地作取向运动，分子间发生碰撞和摩擦将消耗电能并转为热能，使得介质发热。这种因介质在电场作用下发热而消耗的能量称为介质损耗。介电损耗用电介质在电场中吸收的能量表示。在交变电场中介质放出的热能，随交变频率的提高及电场强度的增强而增多。此外，介质损耗还与物料的介电特性有关。

相对介质损耗因数 ε_r'' 反映电介质在交流电场中可能损耗的能量，其值越大表明物料在微波处理时加热越快。在并联电路两端施加交流电压 V，电流 I 将分别流过电阻 R 和电容器 C（图 9-1）。在此情况下，流过电阻的电流 I_R 与所施加电压 V 相同的相位流过，产生了热能消耗。另一方面，流过电容器的电流 I_C 与所施加电压 V 成 90°相位流过，储存了电能。所以，流过的全部电流 I 是 I_R 和 I_C 的矢量和，即 $I = I_R + I_C$。

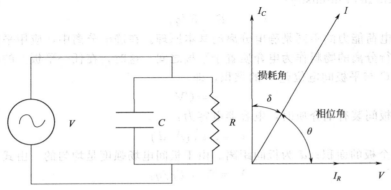

图 9-1　电路中有电容器时的损耗角与相位角

交流电的总电流 I 与电容器中的电容电流 I_C 之间的夹角介质称为损耗角 δ，总电流与外加电压之间的角度 θ 称为相位角。$\cos\theta$ 称为功率因数，记作 PF。损耗角正切值 $\tan\delta$ 表示物料所消耗的能量与所蓄积的能量之比。在低损耗电介质中 δ 角很小，可用 $\tan\theta$ 替代 $\cos\theta$。由于有了损耗，使相位角 θ 减小，损耗角 δ 增加。损耗角 δ 和相位角 θ 的关系如下。

$$\delta = 90° - \theta \tag{9-10}$$

在高损耗电介质中

$$PF = \frac{\tan\delta}{(1 + \tan^2\theta)^{1/2}} \tag{9-11}$$

电介质在交流电场中吸收的电能为：

$$P = EI\cos\theta = E(E/x_c)\cos\theta \tag{9-12}$$

式中，P 为吸收能量，W；E 为有效电压，V，$E = 0.707E_{max}$；I 为有效电流，A，$I = 0.707I_{max}$；$\cos\theta$ 为交流电流的功率因数；x_c 为容抗，Ω，$x_c = 1/(2\pi fC)$；f 为电场频率，Hz；C 为电容，F，$C = \varepsilon_0\varepsilon'_r(A/d)$；$A$ 为电容器平板面积，cm^2；d 为电容器平板间距离，cm；ε_0 为真空中介电常数，F/m；ε'_r 为相对介电常数。

将 x_c、C 和 ε_0 代入式（9-12）中，得出每立方厘米体积吸收的能量为：

$$P = 55.6 \times 10^{-14}E^2 f\cos\theta\varepsilon'_r \tag{9-13}$$

对于低损耗的电介质，其 $\tan\delta$ 可由 $\cos\theta$ 替代，即

$$P = 55.6 \times 10^{-14}E^2 f\varepsilon''_r \tag{9-14}$$

式中，P 为吸收功率，W/cm^3；E 为电场强度，V/cm；ε''_r 为电介质损耗因数。

由上式可知，在场强不变的情况下，吸收能量和频率成正比。因此，在电介质的加热应用中一般都是在高频下进行的。

三、静电特性

静电特性的研究是以库仑定律（Coulomb's law）为基础的。按此定律，相距为 r 的两个点电荷 q_1 和 q_2 之间的相互作用力为：

$$F = K(q_1q_2/r^2) \tag{9-15}$$

式中，K 为比例常数，在国际单位制中，$K = \dfrac{1}{4\pi\varepsilon_0} = 9 \times 10^9 N \cdot m^2/C^2$，$\varepsilon_0$ 为真空中介电常数，F/m。

在静电场中，单位点电荷所受的力是表征该电场中给定点的电场性质的物理量，称为电场强度（electric field intensity）。

$$E = F/q_1 \tag{9-16}$$

物料表面保持电荷能力的不同是静电分离的基本原理。在静电分离中，应用平行金属板电容器，将需要进行分离的物料作为电介质置于平板之间。这时，在任一平板上的电荷量 q 都是该电容器电容 C 与平板间电位差 V 的乘积，即

$$q = CV \tag{9-17}$$

当平行平板间装有电介质时，电容器电容为：

$$C = \varepsilon_0\varepsilon'_r(A/d) \tag{9-18}$$

式中，A 为每个板的面积；d 为板间距离。由于板间电场强度是均匀的，由式（9-16）得：

$$V = Er = Fr/q_1 \tag{9-19}$$

因此

$$F = Vq_1/r \tag{9-20}$$

四、生物电

生物体的组织和细胞所进行的生命活动都伴随电现象，产生一定的电位变化，通常把这种生物体内的电现象称为生物电（bioelectricity）。生物电是生物系统内的一种普遍现象，是生命活动过程的一种表现。电学性质的变化过程，反映着生命活动中某些物理学的或物理化学的变化，与生物体的新陈代谢有关。一旦生命停止，生物电也即消失。

植物损伤电位差是一种基本的生物电现象。植物损伤后与其完整部位之间存在电位差，其数值大小随损伤组织的情况而变化。损伤电位一般都随着组织损伤时间的延长而逐渐降低，这表明损伤电位是活组织的一种生物学特性，反映活组织浆膜的一种固有的电学性质。损伤电位的大小随损伤点的距离增大而减小。当植物受到机械、化学或者热等刺激时，会产生动作电位差。受刺激部位一般是负电位，电反应的幅度决定于受刺激强度。例如，含羞草受外界刺激时，叶子会闭合，受机械刺激的叶子的电位变负，其数值可达 50~100mV。电位从刺激点向外扩散的速度为 2~10mm/s，电位在 1~2s 内达到最大值，但电位下降的速度很慢。图 9-2 为植物组织对交流电刺激的反应。

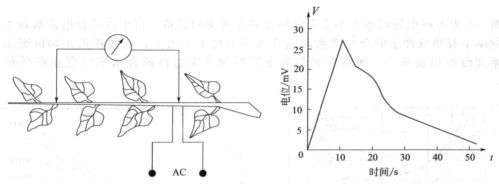

图 9-2　植物组织对交流电刺激的反应

发芽期间种子胚芽和其他部位间存在电位差，植物在光合作用过程中也有电位差。在植物的光照部位和黑暗部位之间，或叶绿素含量不同的两个区域之间同样存在电位差。电位差的数值，与照射光的光强差成正比。动物体内同样存在电位差。比如许多禽畜在活细胞、组织和肌体的不同点之间均能测得电位差。应激细胞膜电势差还能在神经和肌肉细胞表面产生一种自身传播的电流。从受精蛋两端也能测出电位差，而且电位差 15~20mV 的将是雄性雏，3~7mV 的则是雌性雏。目前对生物电的应用已广泛应用到工程实际中，如鸡蛋受精卵的检测、种子发芽势的检测、生物发光、发电等。

第二节　农业物料电学特性的测定

一、农业物料的介电特性

农业物料的含水率、密度、周围环境的温湿度及电场频率等对农业物料的介电特性均有影响。图 9-3 和图 9-4 给出了在一定温度及不同含水率条件下，频率对小麦介电特性的影响。在一定温度下，小麦的介电常数与含水率正相关，不同含水率谷物的介电常数随电场频率的增加而减小。图 9-5 为常见谷物的介电常数和介电损耗因数与频率的关系。不同含水率谷物的损耗角正切值随频率的增加而增加或减小,这需要根据物料品种和频率来确定。由式(9-7)可知,损耗因数是损耗角正切值和介电常数的乘积,随频率作相应的变化。而由式(9-5)可知,电导率是频率和损耗因数乘积,一般是随频率增加而增加。

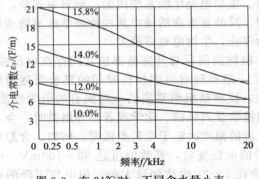

图 9-3 在 24℃时,不同含水量小麦
介电常数和频率的关系

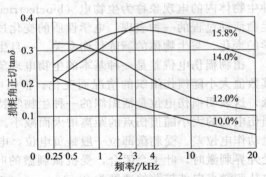

图 9-4 在 24℃时,不同含水量小麦介质
损耗角正切值和频率的关系

图 9-6 为不同电场频率下小麦介电特性和含水率的关系。由于水的介电常数较大,在任何频率下谷物或种子的介电常数均随含水量的增加而增大,而损耗角正切值则随含水率的增加而增加或减小。通常小麦等农业物料的介电特性随含水率的变化在低频下更明显。

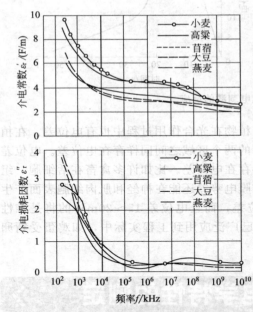

图 9-5 常见谷物的介电特性和频率的关系

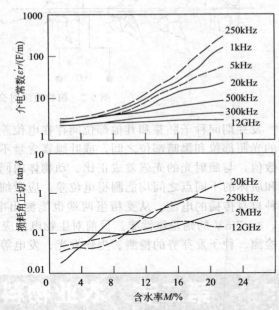

图 9-6 不同电场频率下小麦介电特性和含水率的关系

研究表明,小麦的介电常数 ε'_r、损耗因数 ε''_r 与温度呈线性关系(图 9-7)。当含水率为一定值时,介电常数随着温度的升高而逐渐增大。试验研究还表明,介电常数和介质损耗因数随物料的容积密度而变化。例如,燕麦在 1~20kHz 曲率范围内,介电常数和介质损耗因数随容积密度的变化呈线性关系(图 9-8)。

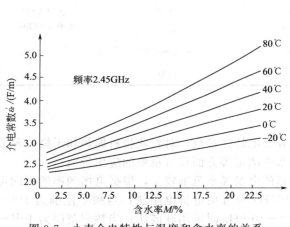

图 9-7 小麦介电特性与温度和含水率的关系

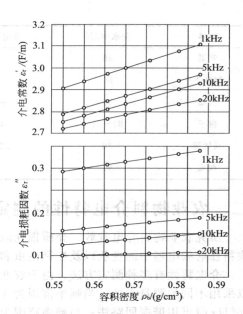

图 9-8 含水率为 8％、温度为 24℃ 时，
燕麦容积密度和介电特性的关系

表 9-1 为一些常见谷物和种子的介电特性，表 9-2 为一些食品和新鲜果蔬的介电特性。

表 9-1   一些常见谷物和种子的介电特性 (24℃)

(Nelson，1965 and ASAE Yearbook，1980)

物料	含水率/％，w.b	容积密度/(kg/m³)	介电常数 ε'_r			介质损耗因数 ε''_r		
			10MHz	27MHz	40MHz	10MHz	27MHz	40MHz
春麦	12.9	603.7	3.2	—	3.0	0.28	—	0.37
豆子	8.7	721.1	3.0	—	2.9	0.25	—	0.30
玉米	13.7	—	4.2	—	2.9	0.36	—	0.44
燕麦	8.1	528.9	2.4	—	2.3	0.19	—	0.24
花生	4.7	—	2.3	—	2.2	0.12	—	0.14
豌豆	7.6	—		—	2.6		—	0.29
番茄	6.6	—	2.0	—	2.0	0.14	—	0.17
水稻	21.1	—		4.5	—		0.87	—
水稻(种子)	10.0	540.0		3.2	—		0.3	—

表 9-2   一些食品和新鲜果蔬的介电特性

物料	含水率/％	介电常数 ε'_r	损耗角正切值 $\tan\delta$	备注
牛肉(腿部)		65.7	0.60	
牛排		64.9	0.61	温度 2℃ 频率 200MHz
鳄鱼(背部)		67.7	0.70	

物料	含水率/%	介电常数 ε'_r	损耗角正切值 $\tan\delta$	备注
苹果	86	43	0.21	
胡萝卜	86	57	0.32	
黄瓜	96	63.5	0.20	温度 23℃
桃子	89～91	51～62	0.31	频率 2500MHz
马铃薯	80	52～54	0.32～0.37	
西瓜	91	59	0.26	

二、农业物料介电特性的测定

研究农业物料介电常数、介质损耗因数等介电特性参数，对农业物料加热和干燥、预测物料在射频电场中的性状以及控制昆虫和含水率测定等方面具有重要的应用价值。

介电特性有多种测定方法。由于农业物料的电场频率范围较大，根据电场频率的不同可以采用不同的测量方法。当频率范围为 $1\sim10^7$ Hz 时可用电桥电路法；当频率范围为 $10^4\sim10^8$ Hz 时可用谐振回路法；当频率范围为 $10^8\sim10^{11}$ Hz 时可用驻波法；当频率范围为 $10^{11}\sim10^{17}$ Hz 时可采用行波法。下面主要介绍电桥法和谐振法的测定原理。

1. 电桥法

电桥法是在低频下测量物料介电系数和介质损耗正切的主要方法。它的测量原理主要是利用各种形式的惠斯顿电桥电路来进行测定。由于试样在 $1\sim10^7$ Hz 频率范围内电极不会产生极化现象，因此测定时通常在此电磁波频率下进行。

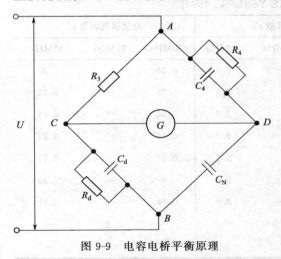

具体测定方法是把被测物料作为一个桥臂，利用其他三个已知阻抗的桥臂，通过调节电桥达到平衡。根据平衡条件求出被测物料的并联等值电容和电阻，从而计算出被测物料的相对介电常数和损耗角正切值。

图 9-9 是电容电桥的平衡原理，图中 C_d、R_d 为被测试样的等值并联电容和电阻。R_3 和 R_4 表示电阻比例臂。C_N 为平衡试样电容 C_d 的标准电容，C_4 为平衡试样损耗角正切的可变电容。根据交流电桥平衡原理，当

$$Z_d Z_4 = Z_N Z_3 \tag{9-21}$$

电桥达到平衡。式中 Z_d 为试样阻抗，Z_N 为标准电容器阻抗，Z_3、Z_4 分别为桥臂 3 和 4 的阻抗。

图 9-9 电容电桥平衡原理

$$\begin{cases} \dfrac{1}{Z_d} = \dfrac{1}{R_d} + j\omega C_d \\ Z_N = \dfrac{1}{j\omega C_N} \\ Z_3 = R_3 \\ \dfrac{1}{Z_4} = \dfrac{1}{R_4} + j\omega C_4 \end{cases} \tag{9-22}$$

将式（9-22）代入式（9-21）中，把实部和虚部分别列成等式得：

$$C_d = -\frac{R_4}{R_3} C_N \frac{1}{1+\tan^2\delta} \tag{9-23}$$

$$\tan\delta = \omega C_4 R_4 = \frac{1}{\omega C_d R_d} \tag{9-24}$$

当 $\tan\delta < 0.1$ 时，C_d 可近似地按下式求解。

$$C_d = \frac{R_4}{R_3} C_N \tag{9-25}$$

因此，当已知桥臂电阻 R_3、R_4，电容 C_N、C_4 时，就可以求出物料介电损耗角正切值 $\tan\delta$，进而求出相对介电常数 ε_r'。

2. 谐振法

谐振法可用 Q 表来测定，适用于 $10^4 \sim 10^8$ Hz 范围的测量。Q 表是一个由可调频率的振荡器激励 RLC 谐振电路（图 9-10）。它由电源（阻容振荡器）、谐振元件（可调电容器）和电压表三个主要元件组成。当谐振回路加入电压 U 时，调节电容 C 使电路谐振，即 $\omega L = 1/(\omega C)$，则回路电流 I 达到最大值 I_r。I_r、U 和 R 之间的关系为：

$$I_r = \frac{U}{R} \tag{9-26}$$

此时，电容 C 二端的电压 V 为：

$$V = I_r \frac{1}{\omega C} = \frac{U}{R\omega C} \tag{9-27}$$

而

$$\frac{V}{U} = \frac{1}{R\omega C} = Q \tag{9-28}$$

或

$$V = UQ \tag{9-29}$$

根据式（9-29）可知，当输入电压 U 不变时，则电容器二端的电压 V 与 Q 成正比。因此，在一定输入电压下，V 值即可代表 Q 值。

利用 Q 表可测定物料的电导率 σ、损耗角正切 $\tan\delta$ 和相对介电常数 ε_r'。测定时通过调整可变电容 C，使电压表读数达到最大值，记下 Q_1 和 C_1。然后将介质试样放在平板电容器间，重新调节可变电容器使回路达到谐振，记下 Q_2 和 C_2。利用所测数据，根据平板电容器各量的基本关系即可求出各参数。其中，介电常数 ε_r' 为：

$$\varepsilon_r' = \frac{C_d d}{\varepsilon_0 A} \tag{9-30}$$

式中，C_d 为电容器电容，$C_d = C_1 - C_2$；A 为电容器平板面积；d 为平板间距离。

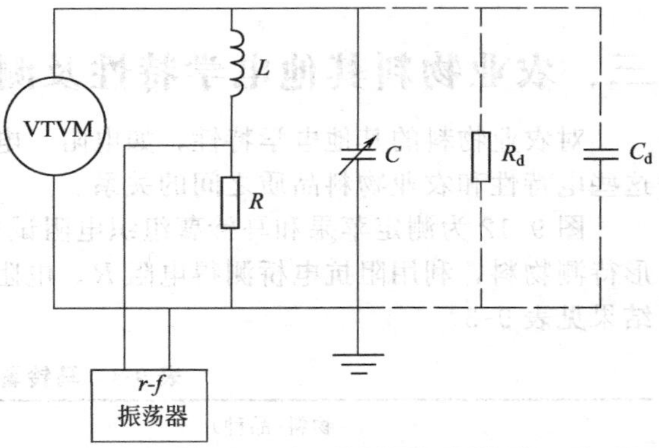

图 9-10　Q 表测定介电特性原理

损耗角正切值 $\tan\delta$ 为：

$$\tan\delta = \frac{C_1}{C_1 - C_2}\left(\frac{1}{Q_1} - \frac{1}{Q_2}\right) \tag{9-31}$$

功率因数 PF 与 $\tan\delta$ 大小有关，当 $\tan\delta > 0.1$ 时：

$$PF = \frac{\tan\delta}{\sqrt{1 + \tan^2\delta}} \tag{9-32}$$

当 $\tan\delta < 0.1$ 时：

$$PF = \tan\delta \tag{9-33}$$

电导率 σ 为：

$$\sigma = \frac{\omega\varepsilon_0\varepsilon_{r}'}{\tan\delta} \tag{9-34}$$

在农业物料介电特性测定中，需要对不同物料设计相应的试样盒。对于频带宽度较宽的试样，通常采用具有正面间隙的同轴谐振器法、空洞谐振器装置测定法和导波管法三种方法。图 9-11 为测试花生介电特性时使用的试样盒。

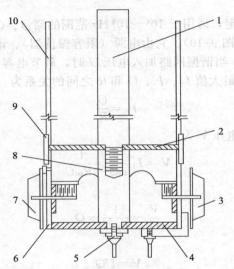

图 9-11　花生介电特性测定试样盒结构

1—内电极上部；2—云母盘；3—电容器（6pF）；4—聚苯烯盘；5—插头；
6—外电极下部；7—电容器（15pF）；8—内电极下部；9—连接器；10—外电极上部

三、农业物料其他电学特性及测定

对农业物料的其他电学特性，如电阻、电阻率、阻抗和电导率等的研究方向大多是探求这些电特性和农业物料品质之间的关系。

图 9-12 为测定苹果和马铃薯组织电阻试样夹持的装置。在两个夹持铜盘之间放入圆柱形待测物料，利用阻抗电桥测得电阻 R。电阻率可由测得的电阻值及物料的几何尺寸算出。结果见表 9-3。

表 9-3　马铃薯和苹果的电阻率

物料（品种）	电阻率/$\Omega \cdot m$
苹果(mcIntosh)	95.0
苹果(winesap)	75.0
马铃薯(alabama white)	33.3
马铃薯(alabama red)	32.5
马铃薯(idaho)	45.3

采用图 9-12 相类似的夹持装置及阻抗计，研究马铃薯块茎的阻抗。试验的频率范围为 1～100kHz，并考虑不同品种、储存温度和时间的影响。图 9-13 是实验所得的马铃薯比阻抗及相位角数据，利用该图可以计算电导率、损耗角正切值及损耗因数。

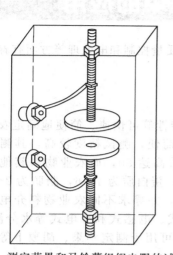

图 9-12　测定苹果和马铃薯组织电阻的试样夹持装置

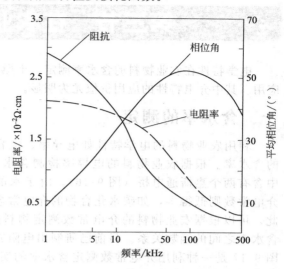

图 9-13　马铃薯组织的相位角及比阻抗

在探索西瓜甜度的无损检测时，发现西瓜的甜度和含糖量与西瓜的电阻有关（图 9-14），并且苹果也有类似的电学特性。当苹果发生损伤时，损伤和非损伤组织的电阻变化有明显不同（图 9-15）。采用无损检测方法可以分选出内部已经损伤的苹果，方法是将两根探针相隔一定距离插进苹果皮，两个探针间的电阻利用频率为 1kHz 的阻抗电桥测得。

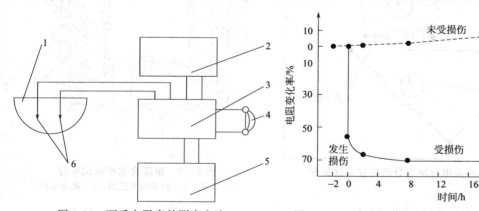

图 9-14　西瓜电阻率的测定方法
1—西瓜；2—电容器盒；3—低频电桥；
4—接收器；5—电源；6—传感器

图 9-15　正常和损伤苹果组织的电阻随时间的变化

电学特性的变化可反映生物组织的存活或损伤情况。研究表明，正常组织与死亡组织的阻抗有明显差别。正常组织具有阻抗，而死亡组织的阻抗为零。正常组织在低频下有高阻抗，高频下有低阻抗，即正常组织的阻抗是随频率而变，而死亡组织的阻抗不随频率而变。正常组织在高频（约 1MHz）下阻抗接近于零，这与死亡组织的电容为零相似。因此，低频和高频阻抗之比 p 可以用来表示生物组织的损伤程度。

$$p = Z_{1kHz}/Z_{1MHz}　　　　　　　　　　(9-35)$$

阻抗比可用等效并联电阻与电容测得，并利用电抗原理及技术研究植物体的耐冻性及抗毒性物质的效应。

<h1>第三节 在农业工程中的应用</h1>

电学特性在农业物料的含水率测定、干燥与加热、质量控制和电处理等方面有着广泛的应用。其中介电特性的应用价值尤为明显。

一、含水率的测定

利用农业物料的电学特性如电导率、电容、介电特性等可快速、简便地确定农业物料的含水率。根据农业物料的电导率检测含水率，方法简便，测试精度较高，其测试电路中含有两个惠斯通电桥（图9-16）。由于水的介电常数高达80，而农业物料其他成分的介电常数则低得多，如碳水化合物的介电常数为3~5，蛋白质为4~6，脂肪为2~5。因此，可以根据农业物料的介电常数测定物料的含水率，并寻求不同农业物料介电特性与含水率之间的函数关系。目前已研制出电阻式、电容式、电感式和介电式等水分测定仪。图9-17是一种利用介电常数测定含水率的实验装置，可用于测定苹果、胡萝卜等水果和蔬菜的含水率。

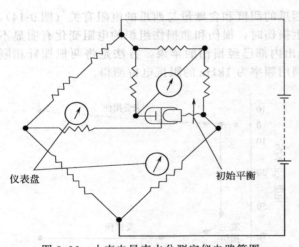

图9-16 小麦电导率水分测定仪电路简图

仪表盘 初始平衡

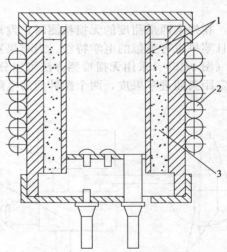

图9-17 果蔬含水率测试装置
1—电极；2—温度调节线圈；3—蔬菜试样

利用电学特性测定含水率等物性参数不会对农业物料造成物理损伤，因此研制快速、准确的测量仪器，实现对水果和蔬菜物性参数的无损检测，具有广泛的应用前景。

二、介质的加热和干燥

利用介质损耗原理可以实现农业物料的加热和烘干。按照频率不同可分为高频加热和超高频加热两种。高频加热的频率为1~150MHz，超高频（微波）加热的频率为915~2450MHz。

由于水的损耗因数比干物质大得多，将含水的农业物料放在高频或超高频电场中时，电场放出的绝大部分能量将被水分子吸收，受热的水分子很快蒸发。随着物料的逐渐干燥，介质耗散也将逐渐减小。农业物料的含水率越高，吸收的能量越多，水蒸发也越快。这是介质损耗干燥的一个特点。介质加热时能量由物料自身析出，物料本身是热源。因此介质加热时物料内部和外部同时生热，干燥过程在物料内部和外部同时进行。由于热量向周围空气扩散，物料表面温度甚至比物料内部还低，不会产生表面过热现象。加热均匀而快速是介质加热的显著优点。

微波炉的加热系统由密封箱体、带有变压器的电源、微波发生器或磁控管、传输部分和搅动装置等组成（图9-18）。微波加热原理是利用水分子在微波场中的快速旋转而产生的摩擦热。变压电源可将 $50 \sim 60Hz$ 的 $120V$ 或 $220V$ 的电压调至 $4000 \sim 5000V$，磁控管将电能转换为微波，传输部分将微波经导管传入炉箱，搅动装置用于散播微波及防止驻波。

脉冲电场技术能够击穿农业物料的细胞，杀死致病菌和腐败微生物，具有处理时间短和耗能低的非热加工特性，是目前农业物料加工领域中的高新技术。脉冲电场的产生需

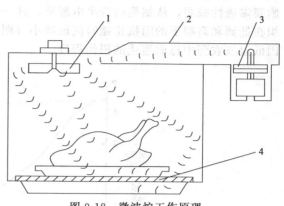

图 9-18　微波炉工作原理
1—搅动装置；2—导波管；3—磁控管；4—玻璃板

要脉冲能量供应装置和处理室，脉冲能量供应装置将低电压转换为高电压，同时将低水平的电能收集起来，储存在电容器中，然后这些能量以高能的形式释放出来，放电时产生的高频指数衰减波加在两个电极上形成脉冲电场。脉冲电场发生器能够对果蔬类农业物料的细胞产生电击穿效应，提高物料细胞膜的通透性，适合于对农业物料干燥进行前处理（图9-19）。脉冲电场技术与干燥技术相结合，可以加快干燥速率，降低干燥能耗并提高农业物料干制品的营养品质。

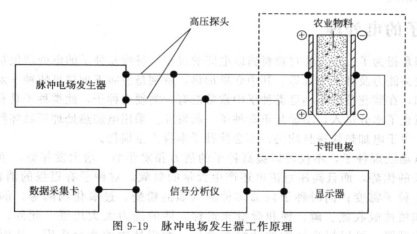

图 9-19　脉冲电场发生器工作原理

三、农产品质量评定的控制

农业物料的电学特性可以用于评定食品和农产品的品质。利用电容和直流电阻可以估算可以测定干燥过程对物料的热损伤程度，以及收获加工对物料的机械损伤程度。利用介电常数可以测定蛋类质量及鱼的新鲜程度，以及水果和蔬菜的成熟度等。如未成熟苹果的介电常数在 $300 \sim 900kHz$ 范围内几乎不变化，而成熟的苹果在该频率范围内随着频率的增加而逐

渐降低。无损伤苹果的阻抗随着储存时间的延长有较大的增加，而损伤苹果的阻抗则随着储存时间的延长而有所下降。

利用电阻抗及电导率可以检测植物的抗霜冻和防止农药中毒的能力。研究表明，植物体损伤与细胞膜的电容、电阻或阻抗等电学特性有关。由于植物体损伤常在一定程度上导致细胞膜渗透性减弱，从细胞内析出电解质，这一变化可由电学特性反映出来，例如植物受伤组织在低频和高频下的阻抗比随时间而减小（图 9-20），此时测出阻抗比值就可以估计植物体因低温或农药中毒而造成的损伤程度。

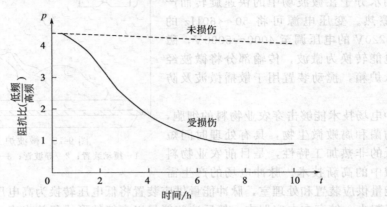

图 9-20　植物受伤组织的阻抗比变化

利用电学特性还可测定棉花纤维长度的分布情况。研究表明，在棉花中如短纤维增加 1％棉纱强度则降低 1％，由于导体的电阻与其长度有关，因此可通过测定电阻来了解纤维长度的分布情况。

四、种子的电处理

电处理是指为了一定目的对物料施以电能的过程。谷物及种子的电处理包括对害虫的控制、改善发芽能力及种子分选等。其中介质加热，特别是射频下加热可使种子麦芽能力明显提高。例如，在紫花苜蓿等小豆类种子中常常混有一类硬皮种子，此类种子具有一层不透水的外皮，阻止了水分进入，不能与正常种子一起发芽。采用电加热处理可破坏种子硬皮，增加出苗率。由于电加热快速且均匀，不会使种子本身产生损伤。

利用电场处理种子，不仅可以提高种子的活力和发芽率，增大发芽势，争得壮苗和单株显着增长的优势，而且高压直流电还产生大量的臭氧，对种子有很强的消毒杀菌作用，可有效防止种子霉变；同时种子内部多种酶（如淀粉酶、过氧化物酶等）的活性得到提高，幼苗和植株吸收氮、磷、钾和微量元素锌、铁的能力大大增强。此外，生长出的壮苗叶片宽大肥厚，可以提高植物的叶绿素含量，增强植物的光合作用，从而提高作物的产量。

不同生命力的种子具有电学特性的差异，利用这一原理能够实现种子的清选、分级和消毒。通过电场清选分级技术可以提高种子的发芽率，降低种子病害发生率，如茄子黄萎病、黄瓜蔓枯病、番茄花叶病等发病率平均降低 23％。电场清选分级方式有介电式和静电式两种。介电常数反映了种子的生命活力，如种子水分、密度等，介电式主要是利用电场中种子的介电常数差异进行清选分级。由于种子混合物各组分的物理特性差异是自身固有的特性，因此借助于合理的分选装置构造出合理的电磁场来放大这种差异就会得到较好的分选效果。

静电式工作原理是根据种子的比表面积及质量的不同，利用种子的充电特性差异及带电粒子在静电场中获得静电力的差异而形成不同运动轨迹来实现清选分级。目前多采用双绕线圈滚筒式种子分选部件，电源为高压直流电源或交流电源。滚筒转动时，附着在线圈上的种子混合物受到重力、电场力、摩擦力和惯性力等共同作用。由于各组分的介电特性和物理性质不同，其脱离线圈的角度也不同，从而实现了种子混合物的清选分级。

参 考 文 献

[1] 金兹布尔格 A C. 食品干燥原理与技术基础 [M]. 北京：轻工业出版社，1986.

[2] 周祖锷. 农业物料学 [M]. 北京：中国农业出版社，1994.

[3] 李里特. 食品物性学 [M]. 北京：中国农业出版社，1998.

[4] 白卫东. 农产品加工使用技能 [M]. 广州：中山大学出版社，2012.

[5] 邢廷铣. 农作物秸秆饲料加工与应用 [M]. 北京：金盾出版社，2008.

[6] 陈礼，吴勇华. 流体力学与热工基础 [M]. 北京：清华大学出版社，2002.

[7] 赵鹤皋. 冷冻干燥技术与设备 [M]. 武汉：华中科技大学出版社，2005.

[8] 朱文学. 粮食干燥原理及品质分析 [M]. 北京：高等教育出版社，2001.

[9] 胡景川，逃锦林. 农产物料干燥技术 [M]. 杭州：浙江大学出版社，1990.

[10] 李云飞，殷涌光，徐树来，金万镐. 食品物性学. 2 版 [M]. 北京：中国轻工业出版社，2013.

[11] 廉育英. 密度测量技术 [M]. 北京：机械工业出版社，1982.

[12] 艾伦（T. Allen）. 颗粒大小测定 [M]. 喇华璞，译. 北京：中国建筑工业出版社，1984.

[13] 崔清亮，郭玉明. 农业物料物理特性的研究及其应用进展 [J]. 农业现代化研究，2007，28（1）：124-127.

[14] 赵学笃，陈元生，张守勤. 农业物料学 [M]. 北京：机械工业出版社，1987.

[15] 屠康，姜松，朱学文. 食品物性学 [M]. 南京：东南大学出版社，2006.

[16] 赵杰文，陈全胜，林颢. 现代成像技术及其在食品、农产品检测中的应用 [M]. 北京：机械工业出版社，2011.

[17] 陈斌，黄星奕. 食品与农产品品质无损检测新技术 [M]. 北京：化学工业出版社，2004.

[18] 应义斌，韩东海. 农产品无损检测技术 [M]. 北京：化学工业出版社，2005.

[19] 张小超，吴静珠，徐云. 近红外光谱分析技术及其在现代农业中的应用 [M]. 北京：电子工业出版社，2012.

[20] 曾新安，陈勇. 脉冲电场非热灭菌技术 [M]. 北京：中国轻工业出版社，2005.

[21] 李云飞，殷涌光，徐树来，等. 食品物性学. 2 版 [M]. 北京：中国轻工业出版社，2013.

[22] 王愈. 高压电场处理技术在果蔬贮藏与加工中的应用 [M]. 北京：中国农业科学技术出版社，2011.

[23] 李家瑞. 食品化学 [M]. 北京：中国轻工业出版社，1987.

[24] 赵杰文，王丰元. 农业物料流化床的非牛顿流动特性初探 [J]. 农业工程学报，1991，7（1）：70-35.

[25] 崔清亮，郭玉明. 农业物料物理特性的研究及其应用进展 [J]. 农业现代化研究，2007，28（1）：124-127.

[26] 徐树来，魏晓东. 固体农业物料力学特性的研究 [J]. 黑龙江八一农垦大学学报，1998，10（3）：40-44.

[27] 王育桥，刘俭英. 农业物料力学特性研究的现状及展望 [J]. 湖北农机化，2007，1：32-32.

[28] 张鹏. 颗粒物料气力输送流体动力特性与控制的仿真研究 [D]. 合肥工业大学，2003.

[29] 杨晨升，马小愚. 农业物料动态力学特性的试验研究 [J]. 农机化研究，2009，31（4）：123-125.

[30] 王泽南，张鹏，尹安东，等. 农业物料临界速度的实验测量与仿真求解 [J]. 农机化研究，2003，4：80-81.

[31] 张和远. 农业物料力学的研究进展与趋势 [C]. 农业工程中的力学问题研讨会，1991.

[32] 马小愚，雷得天，刘立意，等. 农业物料力学：流变学性质测试系统的研究 [J]. 农业工程学报，1996，12（3）：42-45.

[33] 张洪霞，马小愚，雷得天. 谷物及种子的力学：流变学特性的研究进展 [J]. 农机化研究，2004，（3）：177-178.

[34] 张洪霞. 稻米及米饭的力学流变学特性的研究及其应用探讨 [D]. 东北农业大学，2004.

[35] 王泽南，张鹏. 球形农业物料临界速度的动态仿真求解 [J]. 农机化研究，2002，2：47-48.

[36] RICHARDSON P. Thermal technologies in food processing [M]. CRC Press Inc，2001.

[37] SINGH R P，HELDMAN D R. Introduction to food engineering [M]. Academic Press，1984.

[38] NURI N MOHSENIN. Thermal properties of food and agricultural materials [M]. CRC Press，1980.

[39] MOHSENIN N N. Electromagnetic radiation properties of foods and agricultural products [M]. Routledge，1984.

[40] MOHSENIN N N. Physical properties of plant and animal materials. Gordon and Breach Science Publishers，Inc.，New York，1970.

[41] LEWIS M J. Physical properties of foods and food processing systems [M]. CRC Press，1998.

[42] PELEG M，BAGLEY E B. Physical properties of foods [M]. AVI Publishing Company，Inc.，Westport，Connecticut，1981.

[43] WU Y，GUO Y，ZHANG D. Study of the effect of high-pulsed electric field treatment on vacuum freeze-drying of apples [J]. Drying Technology，2011，29（14）：1714-1720.

[44] WU Y，ZHANG D. Effect of pulsed electric field on freeze-drying of potato tissue [J]. International Journal of Food Engineering，2014，2194-5764.

［45］ DYMEK K, DEJMEK P, et al. Effect of pulsed electric field on the germination of barley seeds ［J］. LWT-Food Science and Technology, 2012, 47 (1): 161-166.

［46］ ACHEAMPONG M A, PEREIRA J P C, MEULEPAS R J W, et al. Biosorption of Cu (II) onto agricultural materials from tropical regions ［J］. Journal of Chemical Technology & Biotechnology, 2011, 86 (9): 1184-1194.

［47］ Z LI, M XIAOYU, L DETIAN, et al. Progress in electrical properties of agricultural materials ［J］. Transactions of the Chinese Society of Agricultural Engineering, 2003, 19 (3): 18-22.